K. Vetters

Formeln und Fakten

Formeln und Fakten

Von Dr. Klaus Vetters

B. G. Teubner Verlagsgesellschaft
Stuttgart · Leipzig 1996

Das Lehrwerk wurde 1972 begründet und wird herausgegeben von:
Prof. Dr. Otfried Beyer, Prof. Dr. Horst Erfurth,
Prof. Dr. Christian Großmann, Prof. Dr. Horst Kadner,
Prof. Dr. Karl Manteuffel, Prof. Dr. Manfred Schneider,
Prof. Dr. Günter Zeidler

Verantwortlicher Herausgeber dieses Bandes:
Prof. Dr. Karl Manteuffel

Autor:
Dr. Klaus Vetters
Technische Universität Dresden

Gedruckt auf chlorfrei gebleichtem Papier

Die Deutsche Bibliothek – CIP-Einheitsaufnahme

Vetters, Klaus:
Formeln und Fakten / von Klaus Vetters. –
Stuttgart ; Leipzig : Teubner, 1996
    (Mathematik für Ingenieure und Naturwissenschaftler)
    ISBN 978-3-8154-2091-1   ISBN 978-3-322-97615-4 (eBook)
    DOI 10.1007/978-3-322-97615-4

Umschlaggestaltung: E. Kretschmer, Leipzig

Vorwort

Jeder Lernende und auch jeder Anwender der Mathematik wird gern auf eine Formelsammlung oder auf einen Wissensspeicher zurückgreifen, um Fakten zu überprüfen, wenn das Gedächtnis überfordert ist, oder um neue Informationen zu erhalten. Der vorliegende Band enthält neben grundlegenden mathematischen Formeln auch verbal beschriebenes Wissen, nämlich zentrale Definitionen und Sätze ausgewählter mathematischer Fachgebiete.

Zielgruppe sind vor allem Studierende an Universitäten und Fachhochschulen, die mit der Mathematik konfrontiert sind. Deshalb wurde der Inhalt dieses Bandes der Reihe "Mathematik für Ingenieure und Naturwissenschaftler" streng auf die Anforderungen des Grundstudiums in ingenieurwissenschaftlichen Studiengängen ausgerichtet. In Verbindung mit dem Besuch von Vorlesungen und Seminaren, der Arbeit mit Lehrbüchern und der Nutzung mathematischer Software wird diese Sammlung von Grundwissen der Höheren Mathematik sowohl dem Lernenden als auch dem Ingenieur in der Praxis hilfreich sein.

Bei der Arbeit am Manuskript haben mich viele Mathematiker beraten. Mein Dank gilt zuerst den Herausgebern der Reihe, von denen ich konstruktive Hinweise erhielt, insbesondere Herrn Prof. Ch. Großmann und Herrn Prof. K. Manteuffel.

Die thematische Breite - von der Analysis über die Geometrie und Lineare Algebra bis zur Optimierung, Stochastik und Numerik - war nur durch die kritische Beteiligung zahlreicher Fachkollegen dieser Gebiete zu bewältigen. Dafür danke ich besonders meiner Kollegin Frau Dr. R. Storm und meinen Kollegen Herrn Dr. W.-D. Klix und Herrn Dr. H. Schönheinz. Für die kritische Durchsicht bin ich den Herren Prof. H.-G. Roos und Prof. W. Schirotzek sowie Herrn J. Weiß vom Teubner-Verlag mit Dank verbunden.

Dresden, im Juni 1996   Klaus Vetters

Inhalt

Bezeichnungen, Konstanten, elementare Gesetze

Bezeichnungen im dekadischen System

Einheit	umgangs- sprachl. Bez.	Vorsilbe	Abk.	Einheit	Vorsilbe	Abk.
10^1	Zehn	Deka	da	10^{-1}	Dezi	d
10^2	Hundert	Hekto	h	10^{-2}	Zenti	c
10^3	Tausend	Kilo	k	10^{-3}	Milli	m
10^6	Million	Mega	M	10^{-6}	Mikro	μ
10^9	Milliarde	Giga	G	10^{-9}	Nano	n
10^{12}	Billion	Tera	T	10^{-12}	Piko	p
10^{15}	Billiarde	Peta	P	10^{-15}	Femto	f
10^{18}	Trillion	Exa	E	10^{-18}	Atto	a

Im englisch-amerikanischen Sprachraum wird für eine Milliarde "one billion" gebraucht.

Auswahl mathematischer Zeichen

siehe auch Relationen, Mengen, Zahlen, Funktionen, Lineare Algebra, Differential- und Integralrechnung

Zeichen	Bedeutung	Zeichen	Bedeutung
$=$	gleich	$+, -$	Vorzeichen plus, minus
$:=$	definierend gleich	$\pm$	zuerst plus, dann minus
$\neq$	ungleich	$\mp$	zuerst minus, dann plus
$\equiv$	stets gleich, identisch	$^\circ$	Grad
$\not\equiv$	nicht stets gleich, nicht identisch	$'$	Minute ($\frac{1}{60}$ Grad)
$\approx$	etwa gleich	$''$	Sekunde ($\frac{1}{60}$ Minute)
$<$	kleiner	(a, b)	offenes Intervall $a < x < b$
$\leq$	kleiner oder gleich	$[a, b]$	abgeschlossenes Intervall $a \leq x \leq b$
$<<$	wesentlich kleiner	$(a, b]$	links offenes, rechts abgeschlossenes
$>$	größer		Intervall $a < x \leq b$
$\geq$	größer oder gleich	$[a, b)$	links abgeschlossenes, rechts offenes
$>>$	wesentlich größer		Intervall $a \leq x < b$
$\sim$	proportional, ähnlich	$\ldots$	und so weiter / Platz für Substitution
$\perp$	senkrecht auf	$a(s)e$	Aufzählung mit Anfang a,
$\cong$	kongruent		Schrittweite s und Ende e
$\parallel$	parallel	$\mathbb{C}, \mathbb{N}, \mathbb{Q}, \mathbb{R}, \mathbb{Z}$ ►	Zahlen

Mathematische Konstanten (gerundet)

$$\pi = 3.141\,592\,653\,590 \qquad 1° = 0.017\,453\,292\,520 \qquad 1 = 57.295\,779\,51°$$

$$e = 2.718\,281\,828\,459 \qquad 1' = 0.000\,290\,888\,209 \qquad 1 = 3\,437.746\,771'$$

$$C = 0.577\,215\,664\,902 \qquad 1'' = 0.000\,004\,848\,137 \qquad 1 = 206\,264.8062''$$

Potenzen der Zahl 2 und Fakultäten

n	2^n	$n!$	n	2^n	$n!$
1	2	1	11	2 048	39 916 800
2	4	2	12	4 096	479 001 600
3	8	6	13	8 192	6 227 020 800
4	16	24	14	16 384	87 178 291 200
5	32	120	15	32 768	1 307 674 368 000
6	64	720	16	65 536	20 922 789 888 000
7	128	5 040	17	131 072	355 687 428 096 000
8	256	40 320	18	262 144	6 402 373 705 728 000
9	512	362 880	19	524 288	121 645 100 408 832 000
10	1 024	3 628 800	20	1 048 576	2 432 902 008 176 640 000

Bernoullische Zahlen

$$B_n = (-1)^{n-1}\left[\frac{2n-1}{2(2n+1)} + (2n)!\sum_{k=1}^{n-1}(-1)^k\frac{B_k}{(2n-2k+1)!(2k)!}\right] \qquad (n = 1, 2, \ldots)$$

n	B_n	n	B_n	n	B_n	n	B_n
1	$\frac{1}{6}$	4	$\frac{1}{30}$	7	$\frac{7}{6}$	10	$\frac{174611}{330}$
2	$\frac{1}{30}$	5	$\frac{5}{66}$	8	$\frac{3617}{510}$	11	$\frac{854513}{138}$
3	$\frac{1}{42}$	6	$\frac{691}{2730}$	9	$\frac{43867}{798}$	12	$\frac{236364091}{2730}$

Eulersche Zahlen

$$E_n = (-1)^{n-1}\sum_{k=0}^{n-1}(-1)^k\binom{2n}{2k}E_k \qquad (n = 1, 2, \ldots; \text{mit } E_0 = 1)$$

n	E_n	n	E_n	n	E_n
0	1	3	61	6	2 702 765
1	1	4	1 385	7	199 360 981
2	5	5	50 521	8	19 391 512 145

Auswahl mathematischer Funktionen

siehe auch Abbildungen und Funktionen, Lineare Algebra, Stochastik

Symbol	Bedeutung	Symbol	Bedeutung
$+ - \cdot\ * /\ \div$	Grundrechenoperationen	$n!$	$1 \cdot 2 \cdots n$ (Fakultät)
$\sqrt{x}$	nicht negative Zahl y mit $y^2 = x$ (Quadratwurzel)	$\sqrt[n]{x}$	nicht negative Zahl y mit $y^n = x$ (n-te Wurzel) für $x \geq 0$
$\sum\limits_{i=1}^{n} x_i$	$x_1 + x_2 + \cdots + x_n$ (Summe)	$\prod\limits_{i=1}^{n} x_i$	$x_1 \cdot x_2 \cdots x_n$ (Produkt)
$\min\{a, b\}$	a für $a \leq b$ b für $a \geq b$ (Minimum)	$\max\{a, b\}$	a für $a \geq b$ b für $a \leq b$ (Maximum)
$\lfloor x \rfloor$	größte ganze Zahl y mit $y \leq x$ (Abrundung auf ganze Zahl)	$\lceil x \rceil$	kleinste ganze Zahl y mit $y \geq x$ (Aufrundung auf ganze Zahl)
$\mathrm{sgn}(x)$	1 für $x > 0$ 0 für $x = 0$ (Signum) -1 für $x < 0$	$\lvert x \rvert$	x für $x \geq 0$ $-x$ für $x < 0$

Elementare mathematische Gesetze

Ungleichungen (mit $x, y, z, u, v \in \mathbb{R}$)

- Aus $x < y$ und $y < z$ folgt $x < z$.
- Aus $0 < x < y$ folgt $\frac{1}{x} > \frac{1}{y}$.
- Aus $x < y$ und $z > 0$ folgt $x \cdot z < y \cdot z$.
- Aus $x < y$ und $z < 0$ folgt $x \cdot z > y \cdot z$.
- Aus $x < y$ folgt $x + z < y + z$ für alle $z \in \mathbb{R}$.
- Aus $0 < x < y$ und $0 < u < v$ folgt $x \cdot u < y \cdot v$.
- Aus $\frac{x}{y} < \frac{u}{v}$ und $u > 0$ und $v > 0$ folgt $\frac{x}{y} < \frac{x+u}{y+v} < \frac{u}{v}$.

Bernoullische Ungleichung: $\qquad (1 + x)^n \geq 1 + nx$ für $x > -1$ und $n \in \mathbb{N}$

Cauchy-Schwarzsche Ungleichung: $\;\; (x_1 y_1 + \cdots + x_n y_n)^2 \leq (x_1^2 + \cdots + x_n^2)(y_1^2 + \cdots + y_n^2)$

Beträge (mit $x, y \in \mathbb{R}$)

$$\lvert -x \rvert = \lvert x \rvert \qquad\qquad \lvert x \cdot y \rvert = \lvert x \rvert \cdot \lvert y \rvert \qquad\qquad \left\lvert \frac{x}{y} \right\rvert = \frac{\lvert x \rvert}{\lvert y \rvert} \;\; \text{für} \;\; y \neq 0$$

Dreiecksungleichungen

$$\lvert x + y \rvert \leq \lvert x \rvert + \lvert y \rvert \qquad \text{(Gleichheit gilt für gleiches Vorzeichen von } x \text{ und } y.)$$

$$\lvert\, \lvert x \rvert - \lvert y \rvert \,\rvert \leq \lvert x + y \rvert \qquad \text{(Gleichheit gilt für verschiedenes Vorzeichen von } x \text{ und } y.)$$

Potenzen mit ganzzahligem Exponenten ($a \in \mathbb{R}$; $n \in \mathbb{N} \cup \{0\}$; $p, q \in \mathbb{Z}$)

Potenz mit *positivem* Exponenten: $\quad a^n := \underbrace{a \cdot a \cdots \cdot a}_{n \text{ Faktoren}} \quad$ für $\quad n \in \mathbb{N}$, und $\quad a^0 = 1$

Potenz mit *negativem* Exponenten: $\quad a^{-n} := \dfrac{1}{a^n}$

Rechenregeln:

$$a^p \cdot a^q = a^{p+q} \qquad\qquad a^p \cdot b^p = (a \cdot b)^p \qquad\qquad \left(a^p\right)^q = \left(a^q\right)^p = a^{p \cdot q}$$

$$\frac{a^p}{a^q} = a^{p-q} \qquad\qquad\qquad \frac{a^p}{b^p} = \left(\frac{a}{b}\right)^p$$

Wurzeln, Potenzen mit reellen Exponenten ($a, b \in \mathbb{R}$; $a, b > 0$; $m, n \in \mathbb{N}$)

Wurzel: $\qquad\qquad\qquad\qquad u = \sqrt[n]{a} \quad$ ist gleichbedeutend mit $\quad u^n = a$ und $u \geq 0$

Rechenregeln:

$$\sqrt[n]{a} \cdot \sqrt[n]{b} = \sqrt[n]{a \cdot b} \qquad\qquad\qquad \frac{\sqrt[n]{a}}{\sqrt[n]{b}} = \sqrt[n]{\frac{a}{b}} \quad (b \neq 0)$$

$$\sqrt[m]{\sqrt[n]{a}} = \sqrt[n]{\sqrt[m]{a}} = \sqrt[m \cdot n]{a} \qquad\qquad \sqrt[n]{a^m} = \left(\sqrt[n]{a}\right)^m$$

Potenz mit *rationalem* Exponenten: $\quad a^{\frac{1}{n}} := \sqrt[n]{a} \, , \quad a^{\frac{m}{n}} := \sqrt[n]{a^m}$

Potenz mit *reellem* Exponenten: $\quad a^x := \lim\limits_{k \to \infty} a^{q_k} \quad$ mit $\quad q_k \in \mathbb{Q} \, , \ \lim\limits_{k \to \infty} q_k = x$

♦ Für Potenzen mit reellem Exponenten gelten die gleichen Rechenregeln wie für Potenzen mit ganzzahligem Exponenten.

Mittelwerte

Arithmetisches Mittel: $\qquad\qquad m := \dfrac{1}{n}(a_1 + a_2 + \cdots + a_n)$

Geometrisches Mittel: $\qquad\qquad g := \sqrt[n]{a_1 a_2 \cdots a_n} \quad$ mit $\quad a_k > 0 \quad$ für $\quad k = 1, \ldots, n$

Quadratisches Mittel: $\qquad\qquad q := \sqrt{\dfrac{1}{n}\left(a_1^2 + a_2^2 + \cdots + a_n^2\right)}$

Beziehungen zwischen den Mittelwerten

♦ Sind alle a_k positiv, so gilt: $\qquad \min(a_k) \leq g \leq m \leq q \leq \max(a_k)$

Binomialkoeffizienten

Binomialkoeffizient

$$\binom{n}{k} := \frac{n(n-1)\cdots(n-k+1)}{1\cdot 2\cdot\,\cdots\,\cdot k} \quad \text{für} \quad k, n \in \mathbb{N}, \ k \le n$$

Erweiterte Definition für $k, n \in \mathbb{N} \cup \{0\}$:

$$\binom{n}{k} = \begin{cases} \frac{n!}{k!(n-k)!} & \text{für} \quad k \le n, \quad \text{mit} \quad 0! = 1 \\ 0 & \text{für} \quad k > n \end{cases}$$

Spezialfälle:
$$\binom{0}{0} = 1, \quad \binom{n}{0} = 1,$$
$$\binom{n}{1} = n, \quad \binom{n}{n} = 1.$$

Symmetriesatz:
$$\binom{n}{k} = \binom{n}{n-k}$$

Additionssatz:
$$\binom{n}{k} + \binom{n}{k-1} = \binom{n+1}{k}$$

n	Binomialkoeffizient
0	1 k=0
1	1 1 k=1
2	1 2 1 k=2
3	1 3 3 1 k=3
4	1 4 6 4 1 k=4
5	1 5 10 10 5 1 k=5

Pascalsches Dreieck

Additionstheoreme:
$$\binom{n}{0} + \binom{n+1}{1} + \binom{n+2}{2} + \cdots + \binom{n+m}{m} = \binom{n+m+1}{m}$$

$$\binom{n}{0}\binom{m}{k} + \binom{n}{1}\binom{m}{k-1} + \cdots + \binom{n}{k}\binom{m}{0} = \binom{n+m}{k}$$

- Die Definition des Binomialkoeffizienten wird auch für $n \in \mathbb{R}$ benutzt. Der Additionssatz und die Additionstheoreme gelten dann auch für $n \in \mathbb{R}$.

Termumformungen

$$(a \pm b)^2 = a^2 \pm 2ab + b^2 \qquad\qquad (a+b)(a-b) = a^2 - b^2$$

$$(a \pm b)^3 = a^3 \pm 3a^2 b + 3ab^2 \pm b^3 \qquad (a \pm b)(a^2 \mp ab + b^2) = a^3 \pm b^3$$

$$\frac{a^n - b^n}{a-b} = a^{n-1} + a^{n-2}b + a^{n-3}b^2 + \cdots + ab^{n-2} + b^{n-1} \quad \text{für} \quad a \neq b, \ n = 2, 3, \ldots$$

Binomischer Satz

$$(a+b)^n = a^n + \binom{n}{1}a^{n-1}b + \cdots + \binom{n}{k}a^{n-k}b^k + \cdots + \binom{n}{n-1}ab^{n-1} + b^n \quad \text{für } n \in \mathbb{N}$$

$$= \sum_{k=0}^{n} \binom{n}{k} a^{n-k}b^k$$

Relationen

Wahrheitswert w: *wahr, falsch*

Aussage A: Satz, der wahr oder falsch ist.
A falsch: $w(A) = 0$
A wahr: $w(A) = 1$

Relation: Verknüpfung von Aussagen, sogenannten *Prämissen,* die je nach den Wahrheitswerten der Prämissen einen zugeordneten Wahrheitswert besitzt.

Wahrheitswertetafel: Wertetabelle der Zuordnung Prämissen $\rightarrow$ Relation

Tautologie: Relation, die für alle Wahrheitswerte der Prämissen stets wahr ist.

Aussageformen A(x):   Aussagen A, die von Variablen x abhängen; sie haben selbst keinen Wahrheitswert. Erst nach Einsetzen von Werten der Variablen hat eine Aussageform einen Wahrheitswert.

$\forall x : A(x)$ bedeutet: *für alle x ist $A(x)$ wahr.*
$\exists x : A(x)$ bedeutet: *es gibt mindestens ein x*, so daß $A(x)$ wahr ist.

Relationen

Negation "nicht A": $\neg A$
Konjunktion "A und B": $A \wedge B$
Disjunktion "A oder B": $A \vee B$

Implikation "aus A folgt B": $A \Rightarrow B$
Äquivalenz "A äquivalent zu B": $A \Leftrightarrow B$

Wahrheitswertetafel

$w(A)$	$w(B)$	$w(\neg A)$	$w(A \wedge B)$	$w(A \vee B)$	$w(A \Rightarrow B)$	$w(A \Leftrightarrow B)$
1	1	0	1	1	1	1
1	0	0	0	1	0	0
0	1	1	0	1	1	0
0	0	1	0	0	1	1

Tautologien

$A \vee \neg A$	**Satz vom ausgeschlossenen Dritten**
$\neg(A \wedge \neg A)$	**Satz vom Widerspruch**
$\neg\neg A \Leftrightarrow A$	**doppelte Verneinung**
$\neg(A \wedge B) \Leftrightarrow \neg A \vee \neg B$	**Regel von de Morgan**
$\neg(A \vee B) \Leftrightarrow \neg A \wedge \neg B$	**Regel von de Morgan**
$(A \Rightarrow B) \Leftrightarrow (\neg B \Rightarrow \neg A)$	**Kontraposition**
$(A \Rightarrow B) \wedge A \Rightarrow B$	**modus ponens**
$(A \Rightarrow B) \wedge \neg B \Rightarrow \neg A$	**modus tollens**
$(A \Rightarrow B) \wedge (B \Rightarrow C) \Rightarrow (A \Rightarrow C)$	**modus barbara**
$A \wedge (B \vee C) \Leftrightarrow (A \wedge B) \vee (A \wedge C)$	**Distributivgesetz**
$A \vee (B \wedge C) \Leftrightarrow (A \vee B) \wedge (A \vee C)$	**Distributivgesetz**

Mengen

Menge M:	Zusammenfassung bestimmter unterschiedlicher Objekte zu einem Ganzen. Dieser klassische Mengenbegriff reicht praktisch aus, kann aber zur Formulierung paradoxer Aussagen führen. Ein Ausweg ist die axiomatische Mengenlehre.

Elemente: Objekte einer Menge

$a \in M \quad \Leftrightarrow \quad a$ ist Element der Menge M

$a \notin M \quad \Leftrightarrow \quad \neg(a \in M) \quad \Leftrightarrow \quad a$ ist nicht Element der Menge M

Beschreibung: 1. durch Aufzählung der Elemente $\qquad M = \{a, b, c, \ldots\}$

2. durch charakterisierende Aussageform $A(x)$: $M = \{x \in \Omega \mid A(x)$ wahr$\}$

Gleichheit: $\qquad M = N \quad \Leftrightarrow \quad \forall x : x \in M \Leftrightarrow x \in N$

Teilmenge: $\qquad M \subset N \quad \Leftrightarrow \quad \forall x : x \in M \Rightarrow x \in N$

Leere Menge: die Menge, die keine Elemente enthält; Bezeichnung: $\varnothing$

Disjunkte Mengen: zwei Mengen M, N, die kein Element gemeinsam haben, d.h. $M \cap N = \varnothing$.

Ordnungseigenschaft

$$M \subset M \qquad\qquad M \subset N \wedge N \subset M \Rightarrow M = N \qquad\qquad M \subset N \wedge N \subset P \Rightarrow M \subset P$$

Verknüpfungen

$$M \cup N := \{ x \mid x \in M \vee x \in N \} \qquad \ldots \qquad \textit{Vereinigung}$$

$$M \cap N := \{ x \mid x \in M \wedge x \in N \} \qquad \ldots \qquad \textit{Durchschnitt}$$

$$M \setminus N := \{ x \mid x \in M \wedge x \notin N \} \qquad \ldots \qquad \textit{Differenz}$$

$$M \times N := \{ (x,y) \mid x \in M \wedge y \in N \} \quad \ldots \qquad \textit{Cartesisches Produkt}$$

$$\wp(M) := \{ X \mid X \subset M \} \qquad\qquad \ldots \qquad \textit{Potenzmenge}$$

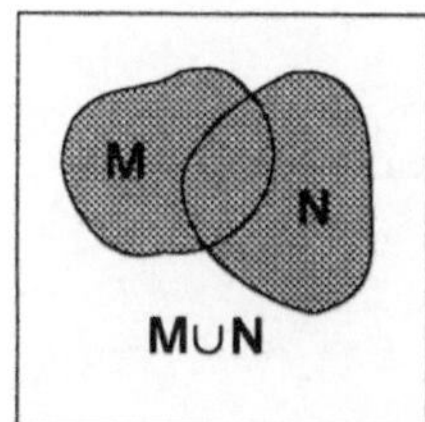

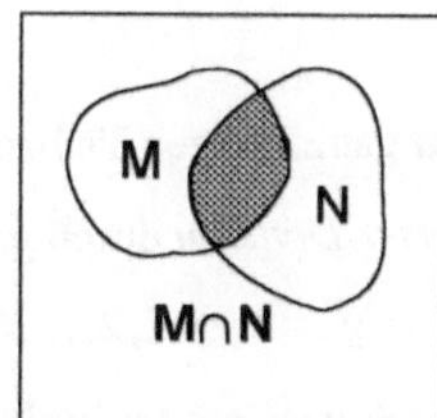

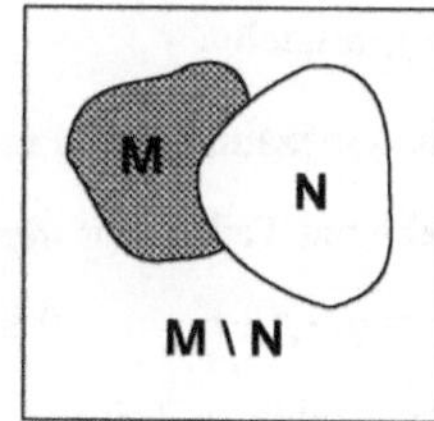

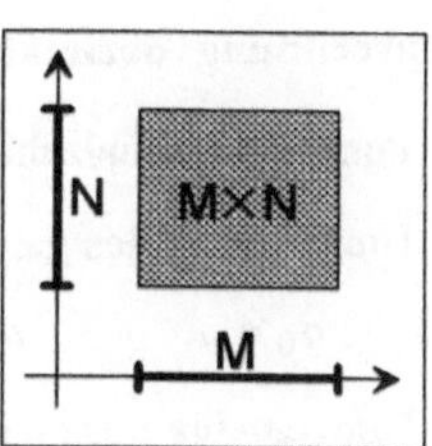

Mehrfache Verknüpfungen

$$\bigcup_{i=1}^{n} M_i = M_1 \cup M_2 \cup \cdots \cup M_n := \{ x \mid \exists\, i \in \{1, \ldots, n\} : x \in M_i \}$$

$$\bigcap_{i=1}^{n} M_i = M_1 \cap M_2 \cap \cdots \cap M_n := \{ x \mid \forall\, i \in \{1, \ldots, n\} : x \in M_i \}$$

$$\prod_{i=1}^{n} M_i = M_1 \times M_2 \times \cdots \times M_n := \{ (x_1, \ldots, x_n) \mid \forall\, i \in \{1, \ldots, n\} : x_i \in M_i \}$$

Zahlen

Natürliche, ganze, rationale, reelle Zahlen

Natürliche Zahlen: $\mathbb{N} = \{1, 2, 3, \ldots\}$

Teiler: Eine natürliche Zahl $m \in \mathbb{N}$ heißt Teiler von $n \in \mathbb{N}$, falls es eine natürliche Zahl $k \in \mathbb{N}$ gibt mit $n = m \cdot k$.

Primzahl: Eine Zahl $n \in \mathbb{N}$ mit $n > 1$ und den einzigen Teilern 1 und n.

* Jede Zahl $n \in \mathbb{N}$, $n > 1$, läßt sich eindeutig als Produkt von Primzahlpotenzen schreiben:

$$n = p_1^{r_1} \cdot p_2^{r_2} \cdot \ldots \cdot p_k^{r_k}, \qquad p_j \ldots \text{ Primzahlen}, \qquad r_j \ldots \text{ natürliche Zahlen.}$$

größter gemeinsamer Teiler : $\mathrm{ggT}(n, m) = \max\{k \in \mathbb{N} \mid k \text{ teilt } n \text{ und } m\}$

kleinstes gemeinsames Vielfaches: $\mathrm{kgV}(n, m) = \min\{k \in \mathbb{N} \mid n \text{ und } m \text{ teilen } k\}$

Ganze Zahlen: $\mathbb{Z} = \{\ldots, -3, -2, -1, 0, 1, 2, 3, \ldots\}$

Rationale Zahlen: $\mathbb{Q} = \{\frac{m}{n} \mid m \in \mathbb{Z}, n \in \mathbb{N}\}$

* Die Dezimaldarstellung einer rationalen Zahl ist endlich oder periodisch. Jede endliche oder periodische Dezimalzahl ist eine rationale Zahl.

Reelle Zahlen: $\mathbb{R} = \{$"Erweiterung" von $\mathbb{Q}$ durch die nichtperiodischen unendlichen Dezimalzahlen$\}$

$$\begin{array}{ll} g\text{-}adische & \\ Darstellung & \end{array} \quad x = \sum_{j=-\infty}^{k} r_j g^j \qquad \begin{array}{ll} g = 2 & \cdots \ Dualdarstellung \\ g = 8 & \cdots \ Oktaldarstellung \\ g = 10 & \cdots \ Dezimaldarstellung \end{array}$$

Umrechnung dezimal → g-adisch

1. Positive Dezimalzahl x in ganzzahligen und nicht ganzzahligen Teil zerlegen: $x = n + x_0$.

2. Umrechnung des ganzzahligen Teils n mit *iterierter Division* durch g:

$$q_0 = n, \qquad q_{j-1} = q_j \cdot g + r_j, \qquad 0 \le r_j < g, \qquad j = 1, 2, \ldots$$

3. Umrechnung des nicht ganzzahligen Teils x_0 durch *iterierte Multiplikation* mit g:

$$g \cdot x_{j-1} = s_j + x_j \qquad 0 < x_j < 1 \qquad j = 1, 2, \ldots$$

4. Ergebnis: $x = (r_k \cdots r_2 r_1 . s_1 s_2 \cdots)_g$

Umrechnung g-adisch → dezimal

$$(r_k \cdots r_2 r_1 . s_1 s_2 \cdots s_p)_g = (\cdots((r_k g + r_{k-1})g + r_{k-2})g + \cdots + r_2)g + r_1 \quad \text{(Horner-Schema)}$$
$$+ (\cdots((s_p/g + s_{p-1})/g + s_{p-2})/g + \cdots + s_1)/g \quad \text{(Horner-Schema)}$$

Komplexe Zahlen

Imaginäre Einheit i: $i^2 = -1$

Komplexe Zahl: $z \in \mathbb{C}$

    kartesische Form: $z = a + ib, \quad a, b \in \mathbb{R}$

    polare Form: $z = r(\cos\varphi + i\sin\varphi) = r\,e^{i\varphi}$
                              ... *Eulersche Relation*

Realteil von z: $\mathrm{Re}(z) = a = r\cos\varphi$

Imaginärteil von z: $\mathrm{Im}(z) = b = r\sin\varphi$

Betrag von z: $|z| = \sqrt{a^2 + b^2} = r$

Argument von z: $\arg(z) = \varphi$

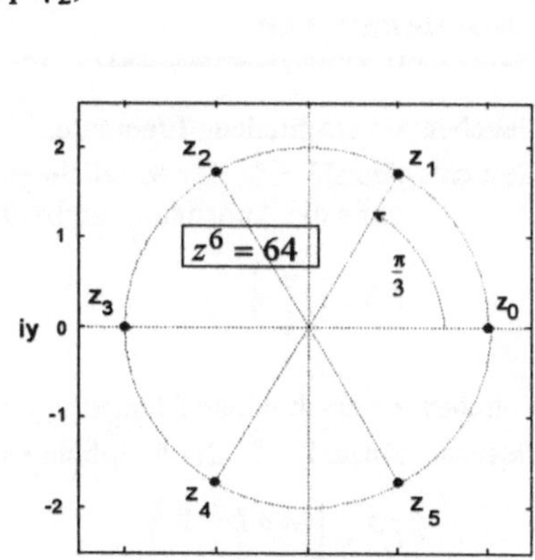

Konjugiert komplexe Zahl $\bar{z}$: $z = a + ib \quad \Rightarrow \quad \bar{z} = a - ib$

Spezielle komplexe Zahlen: $e^{i0} = 1 \qquad e^{\pm i\pi} = -1 \qquad e^{\pm i\frac{\pi}{3}} = \frac{1}{2}(1 \pm i\sqrt{3})$

$$e^{\pm i\frac{\pi}{2}} = \pm i \qquad e^{\pm i\frac{\pi}{4}} = \frac{1}{2}\sqrt{2}\,(1 \pm i) \qquad e^{\pm i\frac{\pi}{6}} = \frac{1}{2}(\sqrt{3} \pm i)$$

Umrechnung kartesisch $\rightarrow$ polar

$$r = \sqrt{a^2 + b^2} \qquad\qquad \varphi \text{ ist Lösung von} \begin{cases} \cos\varphi = \dfrac{a}{r} \\[2mm] \sin\varphi = \dfrac{b}{r} \end{cases}$$

Umrechnung polar $\rightarrow$ kartesisch

$$a = r\cos\varphi \qquad\qquad\qquad b = r\sin\varphi$$

Rechenregeln $(z_k = a_k + ib_k = r_k(\cos\varphi_k + i\sin\varphi_k) = r_k\,e^{i\varphi_k}, \quad k = 1,2)$

$$z_1 \pm z_2 = (a_1 \pm a_2) + i(b_1 \pm b_2) \qquad z_1 \cdot z_2 = (a_1 a_2 - b_1 b_2) + i(a_1 b_2 + a_2 b_1)$$

$$z_1 \cdot z_2 = r_1 r_2(\cos(\varphi_1 + \varphi_2) + i\sin(\varphi_1 + \varphi_2)) = r_1 r_2 e^{i(\varphi_1 + \varphi_2)}$$

$$\frac{z_1}{z_2} = \frac{r_1}{r_2}(\cos(\varphi_1 - \varphi_2) + i\sin(\varphi_1 - \varphi_2)) = \frac{r_1}{r_2}\,e^{i(\varphi_1 - \varphi_2)}$$

$$\frac{z_1}{z_2} = \frac{z_1 \bar{z}_2}{|z_2|^2} = \frac{a_1 a_2 + b_1 b_2 + i(a_2 b_1 - a_1 b_2)}{a_2^2 + b_2^2}$$

$$\frac{1}{z} = \frac{\bar{z}}{|z|^2} \qquad\qquad z \cdot \bar{z} = |z|^2$$

Lösung von $z^n = a$

1. Zahl a in polarer Form darstellen: $a = r\,e^{i\varphi}$.

2. Die n Lösungen sind : $z_k = \sqrt[n]{r}\;e^{i\frac{\varphi + 2k\pi}{n}}$
$$k = 0, 1, \ldots, n-1$$

Kombinatorik

Permutationen

Gegeben: n verschiedene Elemente
Gesucht: Anzahl P_n der verschiedenen Anordnungsmöglichkeiten (z.B. Tischordnung).

$$P_n = n! \qquad \ldots \textit{Permutationen}$$

Gegeben: n Elemente, bestehend aus p Gruppen von gleichen Elementen; die Anzahl der Elemente in der i-ten Gruppe ist k_i.
Gesucht: Anzahl $\bar{P}_n$ der verschiedenen Anordnungsmöglichkeiten (z.B. Tischordnung für Karnevals-Masken).

$$\bar{P}_n = \frac{n!}{k_1!\, k_2! \cdots k_p!} \qquad \ldots \textit{Permutationen mit Wiederholung}$$

Variationen

Gegeben: n verschiedene Elemente und k Plätze.
Gesucht: Anzahl V_n^k der verschiedenen Anordnungsmöglichkeiten von Elementen auf den k Plätzen.

$$V_n^k = \frac{n!}{(n-k)!} \qquad \ldots \textit{Variationen}$$

Gegeben: n verschiedene Elemente, jedes in beliebiger Anzahl, und k Plätze.
Gesucht: Anzahl $\bar{V}_n^k$ der verschiedenen Anordnungsmöglichkeiten von Elementen auf den k Plätzen.

$$\bar{V}_n^k = n^k \qquad \ldots \textit{Variationen mit Wiederholung}$$

Kombinationen

Gegeben: n verschiedene Elemente.
Gesucht: Anzahl C_n^k der Möglichkeiten, verschiedene Mengen von k Elementen zu bilden, ohne die Anordnung zu berücksichtigen.

$$C_n^k = \binom{n}{k} \qquad \ldots \textit{Kombinationen}$$

Gegeben: n verschiedene Elemente, jedes in beliebiger Anzahl, und Menge für k Elemente.
Gesucht: Anzahl $\bar{C}_n^k$ der Möglichkeiten, verschiedene Mengen von k Elementen zu bilden.

$$\bar{C}_n^k = \binom{n+k-1}{k} \qquad \ldots \textit{Kombinationen mit Wiederholung}$$

Ebene Koordinatensysteme

Kartesische ebene Koordinaten x, y

Die rechtwinklig stehenden Achsen sind so orientiert, daß die positive y-Richtung die im mathematisch positiven Sinn (Gegenuhrzeigersinn) um 90° gedrehte positive x-Richtung ist.

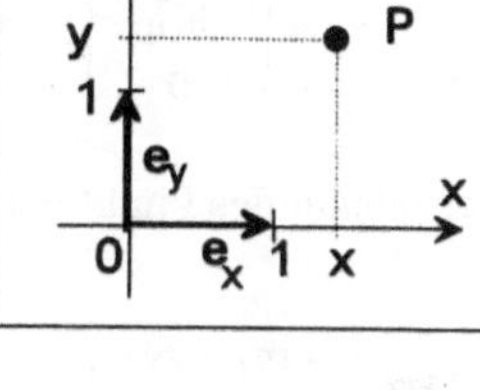

Koordinaten-Einheitsvektoren:
$$\mathbf{e}_x = \begin{pmatrix} 1 \\ 0 \end{pmatrix}, \quad \mathbf{e}_y = \begin{pmatrix} 0 \\ 1 \end{pmatrix}$$

Darstellung des Punktes $P(x,y)$: $\quad \mathbf{x} = x\mathbf{e}_x + y\mathbf{e}_y$

Polarkoordinaten r, φ

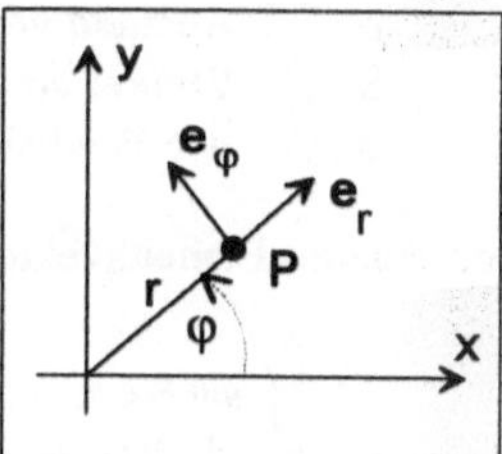

r ...　　Abstand vom Nullpunkt

φ ...　　Winkel von der x-Achse zum Ortsvektor im Gegenuhrzeigersinn

Koordinaten-Einheitsvektoren:
$$\mathbf{e}_r = \begin{pmatrix} \cos\varphi \\ \sin\varphi \end{pmatrix}, \quad \mathbf{e}_\varphi = \begin{pmatrix} -\sin\varphi \\ \cos\varphi \end{pmatrix}$$

Darstellung des Punktes $P(r, \varphi)$ in kartesischen Koordinaten:

$$\mathbf{x} = r\mathbf{e}_r \qquad \text{in Komponenten:} \qquad \begin{aligned} x &= r\cos\varphi \\ y &= r\sin\varphi \end{aligned}$$

Räumliche Koordinatensysteme

Kartesische Koordinaten x, y, z

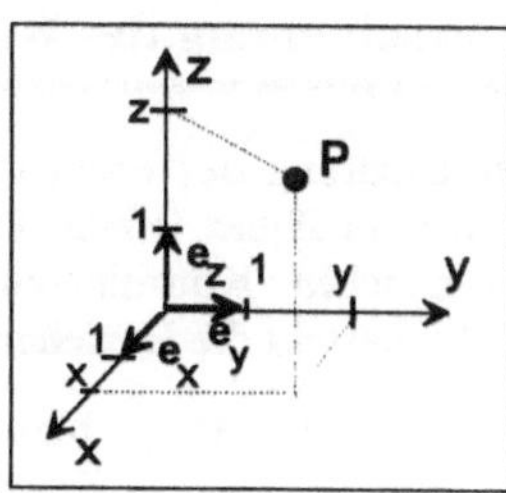

Die Achsen stehen paarweise senkrecht aufeinander, die x- und y-Achse sind wie im ebenen System orientiert. Bei 90°-Drehung der positiven x-Achse zur positiven y-Achse zeigt die positive z-Achse in Rechtsschraubenrichtung.

Koordinaten-Einheitsvektoren:

$$\mathbf{e}_x = \begin{pmatrix} 1 \\ 0 \\ 0 \end{pmatrix}, \quad \mathbf{e}_y = \begin{pmatrix} 0 \\ 1 \\ 0 \end{pmatrix}, \quad \mathbf{e}_z = \begin{pmatrix} 0 \\ 0 \\ 1 \end{pmatrix}$$

Darstellung des Punktes $P(x,y,z)$: $\quad \mathbf{x} = x\mathbf{e}_x + y\mathbf{e}_y + z\mathbf{e}_z$

Zylinderkoordinaten

r ...   Abstand von z-Achse

φ ...   Winkel von x-Achse zum Ortsvektor der Projektion von P in die x,y-Ebene

z ...   Abstand von x,y-Ebene

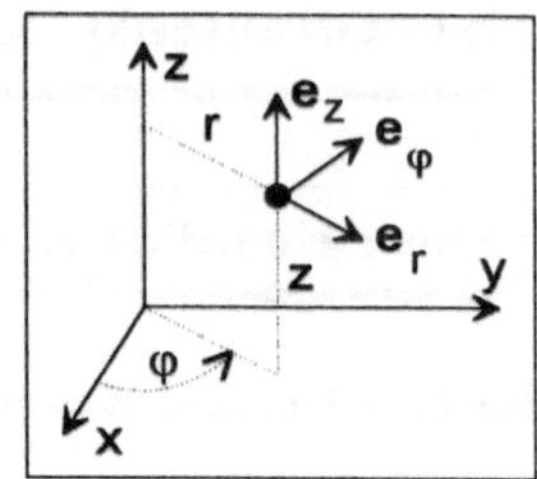

Koordinaten-Einheitsvektoren:

$$\mathbf{e}_r = \begin{pmatrix} \cos\varphi \\ \sin\varphi \\ 0 \end{pmatrix}, \quad \mathbf{e}_\varphi = \begin{pmatrix} -\sin\varphi \\ \cos\varphi \\ 0 \end{pmatrix}, \quad \mathbf{e}_z = \begin{pmatrix} 0 \\ 0 \\ 1 \end{pmatrix}$$

Darstellung des Punktes $P(r, \varphi, z)$ in kartesischen Koordinaten:

$$\mathbf{x} = r\mathbf{e}_r + z\mathbf{e}_z \ , \qquad \text{in Komponenten:} \qquad \begin{aligned} x &= r\cos\varphi \\ y &= r\sin\varphi \\ z &= z \end{aligned}$$

Kugelkoordinaten

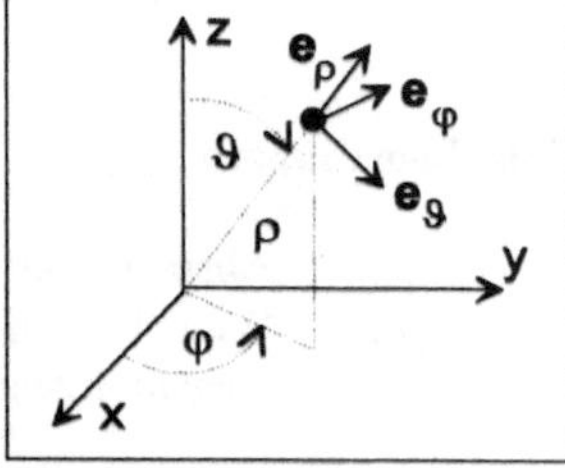

ρ ...   Abstand vom Koordinatenursprung

ϑ ...   Winkel von z-Achse zum Ortsvektor

φ ...   wie Winkel φ der Zylinderkoordinaten

Koordinaten-Einheitsvektoren:

$$\mathbf{e}_\rho = \begin{pmatrix} \sin\vartheta\cos\varphi \\ \sin\vartheta\sin\varphi \\ \cos\vartheta \end{pmatrix}, \quad \mathbf{e}_\vartheta = \begin{pmatrix} \cos\vartheta\cos\varphi \\ \cos\vartheta\sin\varphi \\ -\sin\vartheta \end{pmatrix}, \quad \mathbf{e}_\varphi = \begin{pmatrix} -\sin\varphi \\ \cos\varphi \\ 0 \end{pmatrix}$$

Darstellung des Punktes $P(\rho, \vartheta, \varphi)$ in kartesischen Koordinaten:

$$\mathbf{x} = \rho\mathbf{e}_\rho \qquad \text{in Komponenten:} \qquad \begin{aligned} x &= \rho\sin\vartheta\cos\varphi \\ y &= \rho\sin\vartheta\sin\varphi \\ z &= \rho\cos\vartheta \end{aligned}$$

Verschiebung des Koordinatensystems

Der Ursprung des ebenen oder räumlichen Koordinatensystems wird vom Punkt 0 zum Punkt V verschoben. Zwischen den ursprünglichen Koordinaten x,y,z und den neuen Koordinaten x',y',z' besteht die Beziehung

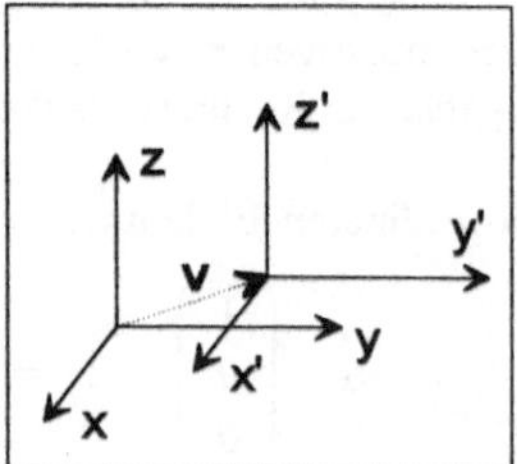

$$\mathbf{x} = \mathbf{x}' + \mathbf{v} \qquad \text{bzw.} \quad \mathbf{x}' = \mathbf{x} - \mathbf{v} \ ,$$

in Komponenten:

$$\begin{aligned} x &= x' + v_x \\ y &= y' + v_y \qquad \text{bzw.} \\ z &= z' + v_z \end{aligned} \qquad \begin{aligned} x' &= x - v_x \\ y' &= y - v_y \\ z' &= z - v_z \end{aligned}$$

Drehung des Koordinatensystems

Drehung eines ebenen kartesischen Koordinatensystems

Ein ebenes kartesisches x,y-Koordinatensystem werde im mathematisch positiven Sinn um den Winkel φ um den Ursprung gedreht. Dann bestehen zwischen den ursprünglichen Koordinaten x,y,z und den neuen Koordinaten x',y',z' die Beziehungen

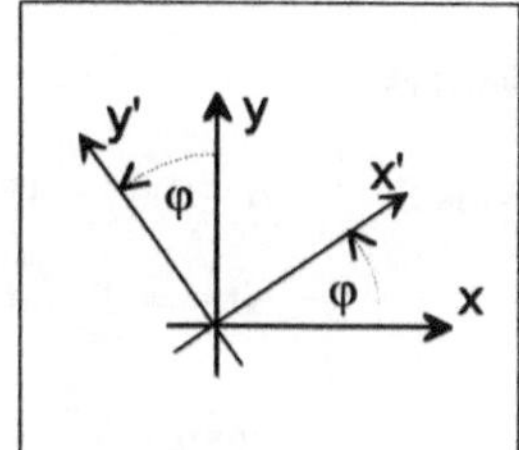

$$x = Ax' \quad \text{bzw.} \quad x' = A^T x \quad \text{mit} \quad A = \begin{pmatrix} \cos\varphi & -\sin\varphi \\ \sin\varphi & \cos\varphi \end{pmatrix}.$$

- Die *Drehmatrix* A ist eine orthogonale Matrix mit $\det(A) = 1$.

- Jede Koordinatentransformation $x = Ax'$ mit $AA^T = E$ und $\det(A) = 1$ ist eine Drehung.

Drehung eines räumlichen kartesischen Koordinatensystems

Ein räumliches kartesisches x,y,z-Koordinatensystem werde im mathematisch positiven Sinn (in Rechtsschrauben-Richtung) um den Winkel φ um eine Achse g gedreht, die durch den Ursprung geht. Die Lage und Orientierung der Drehachse wird durch die Kosinus der Winkel (*Richtungskosinus*) beschrieben, die sie mit den Koordinatenachsen einschließt:

$$\cos\sphericalangle(x,g) = a, \qquad \cos\sphericalangle(y,g) = b, \qquad \cos\sphericalangle(z,g) = c.$$

Dann bestehen zwischen den ursprünglichen Koordinaten x,y,z und den neuen Koordinaten x',y',z' die Beziehungen

$$x = Ax' \quad \text{bzw.} \quad x' = A^T x,$$

$$A = \begin{pmatrix} \cos\varphi + a^2(1-\cos\varphi) & -c\sin\varphi + ab(1-\cos\varphi) & b\sin\varphi + ac(1-\cos\varphi) \\ c\sin\varphi + ab(1-\cos\varphi) & \cos\varphi + b^2(1-\cos\varphi) & -a\sin\varphi + bc(1-\cos\varphi) \\ -b\sin\varphi + ac(1-\cos\varphi) & a\sin\varphi + bc(1-\cos\varphi) & \cos\varphi + c^2(1-\cos\varphi) \end{pmatrix}.$$

- Die *Drehmatrix* A ist eine orthogonale Matrix mit $\det(A) = 1$.

- Die *Drehmatrix* A kann auch durch die Richtungskosinus der Winkel zwischen den Achsen des ursprünglichen und des gedrehten Koordinatensystems beschrieben werden:

$$A = \begin{pmatrix} \cos\sphericalangle(x,x') & \cos\sphericalangle(x,y') & \cos\sphericalangle(x,z') \\ \cos\sphericalangle(y,x') & \cos\sphericalangle(y,y') & \cos\sphericalangle(y,z') \\ \cos\sphericalangle(z,x') & \cos\sphericalangle(z,y') & \cos\sphericalangle(z,z') \end{pmatrix}.$$

Ebene Geometrie

Dreieck

Winkel $\alpha + \beta + \gamma = 180°$ $\sin(\beta + \gamma) = \sin\alpha$ $\cos(\beta + \gamma) = -\cos\alpha$

$$\sin\alpha = \frac{2}{bc}\sqrt{s(s-a)(s-b)(s-c)} \qquad \text{mit } s = \frac{1}{2}(a+b+c)$$

$$\cos\alpha = \frac{b^2 + c^2 - a^2}{2bc}$$

Sinussatz $a : b : c = \sin\alpha : \sin\beta : \sin\gamma$

Kosinussatz $a^2 = b^2 + c^2 - 2bc\cos\alpha$

Tangenssatz $\dfrac{a-b}{a+b} = \dfrac{\tan\frac{\alpha-\beta}{2}}{\tan\frac{\alpha+\beta}{2}}$

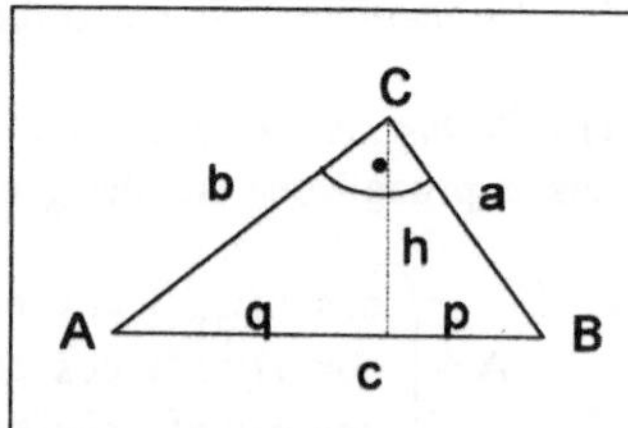

Fläche $F = \dfrac{1}{2}ch_c = \dfrac{1}{2}ab\sin\gamma = rs = \dfrac{abc}{4R}$

$$= \sqrt{s(s-a)(s-b)(s-c)} = a^2\,\frac{\sin\beta\sin\gamma}{2\sin\alpha} = 2R^2\sin\alpha\sin\beta\sin\gamma$$

Höhe $h_c = \dfrac{ab}{c}\sin\gamma$

Umkreis $R = \dfrac{a}{2\sin\alpha} = \dfrac{abc}{4F} = \dfrac{s}{4\cos\frac{\alpha}{2}\cos\frac{\beta}{2}\cos\frac{\gamma}{2}}$

Inkreis $r = 4R\sin\dfrac{\alpha}{2}\sin\dfrac{\beta}{2}\sin\dfrac{\gamma}{2}$

Schwerpunkt   = Schnittpunkt der *Seitenhalbierenden*

Mittelpunkt des *Inkreises* = Schnittpunkt der *Winkelhalbierenden*

Mittelpunkt des *Umkreises* = Schnittpunkt der *Mittelsenkrechten*

Rechtwinkliges Dreieck

Pythagoras $a^2 + b^2 = c^2$

Höhensatz $h^2 = p \cdot q$

Kathetensatz $a^2 = c \cdot p\,,\quad b^2 = c \cdot q$

Gleichschenkliges Dreieck $(a = b, \alpha = \beta)$

$$F = \tfrac{1}{2}a^2 \sin\gamma = c^2 \frac{\sin^2\alpha}{2\sin\gamma} = \frac{c^2}{4}\tan\alpha \qquad\qquad h_c = \tfrac{1}{2}\sqrt{4a^2 - c^2}$$

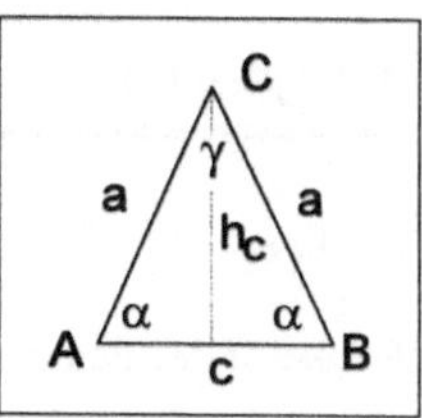

Gleichseitiges Dreieck $(a = b = c,\ \alpha = \beta = \gamma = 60°)$

$$F = \tfrac{1}{4}\sqrt{3}\,a^2 \qquad h_c = \tfrac{1}{2}\sqrt{3}\,a \qquad R = \tfrac{1}{3}\sqrt{3}\,a \qquad r = \frac{R}{2}$$

Viereck

Winkel $\alpha + \beta + \gamma + \delta = 360°$

Fläche $F = \tfrac{1}{2}ef\sin\varphi = \sqrt{(s-a)(s-b)(s-c)(s-d) - abcd\cos^2\varphi}$

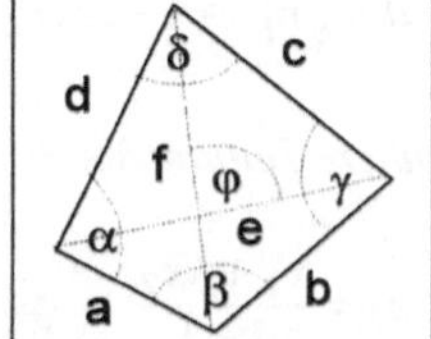

$$\text{mit } s = \tfrac{1}{2}(a + b + c + d)$$

- Ein Viereck hat genau dann einen Inkreis, wenn $a + c = b + d$ gilt.
- Ein Viereck hat genau dann einen Umkreis, wenn $\alpha + \gamma = \beta + \delta = 180°$ gilt.

Parallelogramm (Viereck mit gegenüberliegend parallelen Seiten)

$$F = ah_a = bh_b \qquad\qquad e^2 + f^2 = 2(a^2 + b^2)$$

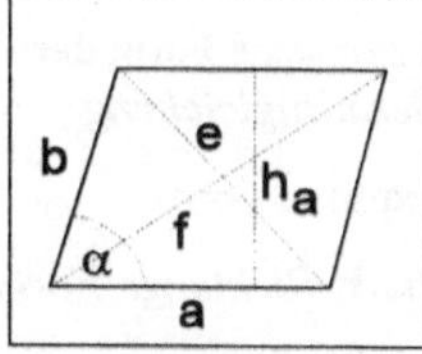

Rhombus (Parallelogramm mit vier gleichen Seiten)

Fläche $F = ah = a^2\sin\alpha = \tfrac{1}{2}ef$

- Ein Parallelogramm ist genau dann ein Rhombus, wenn die Diagonalen aufeinander senkrecht stehen.
- Ein Parallelogramm ist genau dann ein Rhombus, wenn die Diagonalen die Winkel halbieren.

Kreis (Fläche F, Umfang U, Radius r, Durchmesser d)

$$F = \pi r^2 = \frac{\pi}{4}d^2 \qquad\qquad U = 2\pi r = \pi d$$

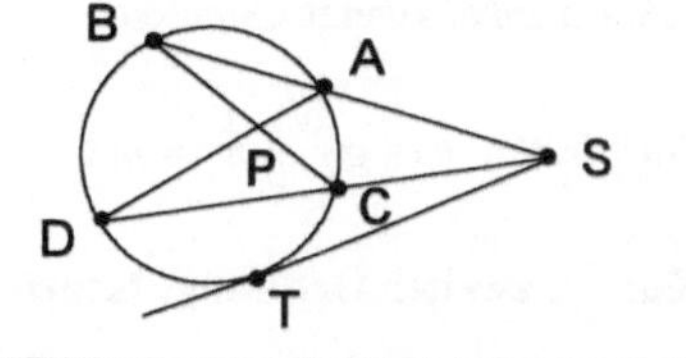

Sehnensatz $\qquad |\overline{PB}| \cdot |\overline{PC}| = |\overline{PA}| \cdot |\overline{PD}|$

Sekantensatz $\qquad |\overline{SA}| \cdot |\overline{SB}| = |\overline{SC}| \cdot |\overline{SD}|$

Tangentensatz $\qquad |\overline{SA}| \cdot |\overline{SB}| = |\overline{ST}|^2$

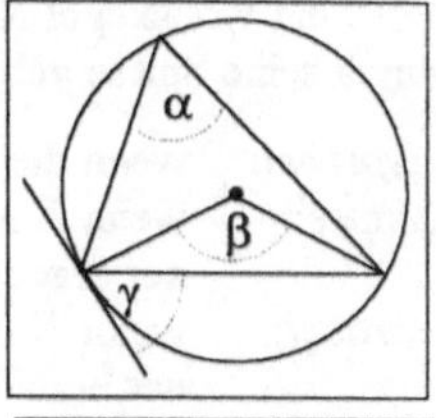

- Über einer Sehne ist der Mittelpunktswinkel das Doppelte des Peripheriewinkels: $\beta = 2\alpha$.
- Der Sehnentangentenwinkel ist gleich dem Peripheriewinkel : $\gamma = \alpha$.
- Satz des Thales: Ein Peripheriewinkel über dem Durchmesser ist $90°$.

Kreissektor (Fläche F, Bogenlänge b)

$$F = \tfrac{1}{2}br \qquad\qquad b = r\alpha \quad (\alpha \text{ im Bogenmaß})$$

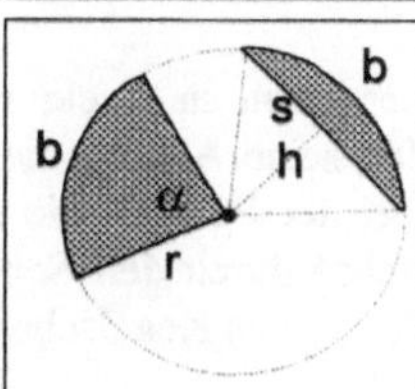

Kreissegment

$$F = \tfrac{1}{2}[br - s(r - h)] \qquad\qquad b = r\alpha \quad (\alpha \text{ im Bogenmaß})$$

Analytische Geometrie der Ebene

Strecken

Abstand d der Punkte P_1 und P_2 gleich Länge der Strecke $\overline{P_1P_2}$:

$$d = \sqrt{(x_2 - x_1)^2 + (y_2 - y_1)^2} \qquad \text{für kartesische Koordinaten } P_1(x_1, y_1) \text{ und } P_2(x_2, y_2)$$

$$d = \sqrt{r_1^2 + r_2^2 - 2r_1 r_2 \cos(\varphi_1 - \varphi_2)} \quad \text{für Polarkoordinaten } P_1(r_1, \varphi_1) \text{ und } P_2(r_2, \varphi_2)$$

Innere Teilung der Strecke $\overline{P_1P_2}$ durch Punkt $T(x_T, y_T)$ im Verhältnis $\lambda = \dfrac{|\overline{P_1T}|}{|\overline{TP_2}|}$:

$$x_T = \frac{x_1 + \lambda x_2}{1 + \lambda} \qquad y_T = \frac{y_1 + \lambda y_2}{1 + \lambda}$$

Geraden (siehe auch Analytische Geometrie des Raumes)

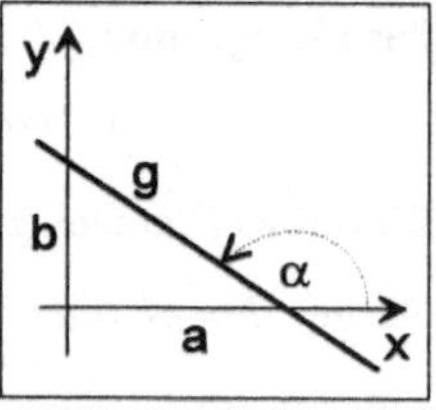

Allgemeine Form der Geradengleichung	$Ax + By + C = 0$
Explizite Form	$y = mx + b \quad \text{mit } m = \tan\alpha$
Punkt-Richtungs-Form	$y - y_1 = m(x - x_1)$
Zweipunktform	$\dfrac{y - y_1}{x - x_1} = \dfrac{y_2 - y_1}{x_2 - x_1}$
Achsenabschnittsform	$\dfrac{x}{a} + \dfrac{y}{b} = 1$
Schnittwinkel zweier Geraden	$\tan\varphi = \dfrac{m_2 - m_1}{1 + m_1 m_2}$

Parallelität $g_1 \parallel g_2: \ m_1 = m_2$ $\qquad$ *Orthogonalität* $g_1 \perp g_2: \ m_2 = -\dfrac{1}{m_1}$

Kurven zweiter Ordnung, Kegelschnitte

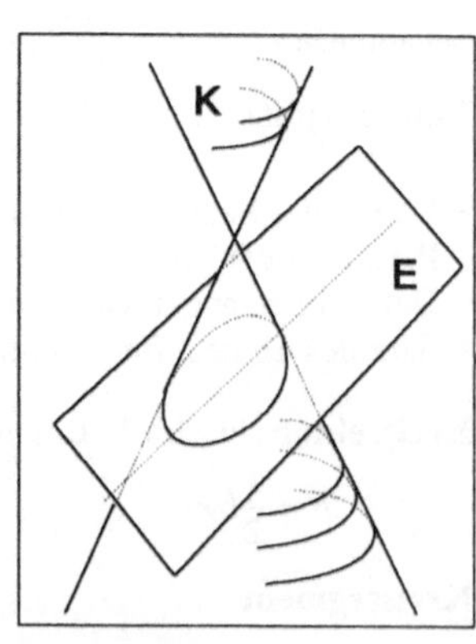

Wird ein Kreiskegel K mit einer Ebene E geschnitten, die nicht durch seine Spitze geht, so ist die Schnittkurve eine

Hyperbel: wenn die Ebene E beide Halbkegel schneidet;

Ellipse: wenn E nur einen Halbkegel schneidet und zu keiner erzeugenden Geraden des Kegels parallel ist;

Parabel: wenn E nur einen Halbkegel schneidet und zu einer erzeugenden Geraden des Kegels parallel ist.

Legt man in E ein rechtwinkliges x,y-Koordinatensystem so, daß seine Achsen die Symmetrieachsen des Kegelschnitts sind (bei der Parabel, die nur eine Symmetrieachse hat, wird die y-Achse durch den Scheitelpunkt gelegt), so erfüllen die Punkte $P(x,y)$ des Kegelschnitts die in der folgenden Tabelle stehenden Normalformen.

	Ellipse	**Hyperbel**	**Parabel**
Normalform	$\dfrac{x^2}{a^2}+\dfrac{y^2}{b^2}=1$	$\dfrac{x^2}{a^2}-\dfrac{y^2}{b^2}=1$	$y^2=2px$
Parameterdarstellung	$x=a\cos t$ $y=b\sin t$ $\quad 0\le t<2\pi$	$x=a\cosh t$ $y=b\sinh t$ $\quad -\infty<t<\infty$	
Asymptoten		$y=\pm\dfrac{b}{a}x$	
Brennpunkte Exzentrizität e	$F_1(e,0)\quad F_2(-e,0)$ $e=\sqrt{a^2-b^2}$	$F_1(e,0)\quad F_2(-e,0)$ $e=\sqrt{a^2+b^2}$	$F\left(0,\dfrac{p}{2}\right)$
Scheitelpunkte	$S_1(a,0)\quad S_2(-a,0)$ $S_3(0,b)\quad S_4(0,-b)$	$S_1(a,0)\quad S_2(-a,0)$	$S(0,0)$
numerische Exzentrizität ε	$\dfrac{e}{a}\quad(<1)$	$\dfrac{e}{a}\quad(>1)$	1
Halbparameter p	$\dfrac{b^2}{a}$		p
Polargleichung	$r=\dfrac{p}{1+\varepsilon\cos\varphi}$ $\qquad$ r ... Abstand von einem Brennpunkt F $\qquad$ φ ... $\sphericalangle(\overline{FS},\overline{FP})$, S ist nächster Scheitel zum Brennpunkt F		
Leitgeraden	$x=\pm\dfrac{a}{\varepsilon}$		$x=-\dfrac{p}{2}$
Brennpunktseigenschaft	$\left|\overline{PF_1}\right|+\left|\overline{PF_2}\right|=2a$	$\left|\overline{PF_2}\right|-\left|\overline{PF_1}\right|=\pm2a$	$\left|\overline{PF}\right|=\left|\overline{Pl}\right|$ $=x+\dfrac{p}{2}$
Leitgeradeneigenschaft	$\dfrac{\left|\overline{PF_1}\right|}{\left|\overline{Pl_1}\right|}=\dfrac{\left|\overline{PF_2}\right|}{\left|\overline{Pl_2}\right|}=\varepsilon$		
Scheitelkrümmungsradien	$R_{1,2}=\dfrac{b^2}{a}\quad R_{3,4}=\dfrac{a^2}{b}$	$R_{1,2}=\dfrac{b^2}{a}$	$R=p$

Transformation auf Normalform (Hauptachsentransformation)

Die Transformation auf Normalform der allgemeinen Gleichung einer Kurve 2. Ordnung

$$a_{11}x^2+2a_{12}xy+a_{22}y^2+2a_{01}x+2a_{02}y+a_{00}=0$$

erfolgt analog wie die der Flächen 2. Ordnung (► Analytische Geometrie des Raumes).

Räumliche Geometrie

Körper mit ebenen Begrenzungen

	Beschreibung	Volumen	
Parallelepiped (Spat)	durch 6 Parallelogramme begrenzt	Gh	
Quader	Spat mit senkrecht aufeinander stehenden Kanten	abc	
Würfel	Quader mit gleich langen Kanten	a^3	
Pyramide	Grundfläche ist Vieleck, Seitenflächen sind Dreiecke mit gemeinsamem Scheitel	$\frac{1}{3}Gh$	
gewöhnlicher Tetraeder	dreiseitige Pyramide	$\frac{1}{3}Gh$	
Pyramidenstumpf	Schnitt einer Pyramide parallel zur Grundfläche	$\frac{h}{3}(G + \sqrt{GD} + D)$	

Reguläre Polyeder (Kantenlänge a)

	Begrenzung	Kantenzahl	Eckenzahl	Oberfläche	Volumen
Tetraeder (reg.)	4 Dreiecke	6	4	$1.7321\,a^2$	$0.1179\,a^3$
Würfel	6 Quadrate	12	8	$6\,a^2$	a^3
Oktaeder	8 Dreiecke	12	6	$3.4641\,a^2$	$0.4714\,a^3$
Dodekaeder	12 Fünfecke	30	20	$20.6457\,a^2$	$7.6631\,a^3$
Ikosaeder	20 Dreiecke	30	12	$8.6603\,a^2$	$2.1817\,a^3$

Körper mit gekrümmten Begrenzungen

	Mantelfläche M	Volumen V	
gerader Kreiszylinder	$2\pi Rh$	$\pi R^2 h$	
schräg abgeschnittener Kreiszylinder	$\pi R(h_1 + h_2)$	$\dfrac{1}{2}\pi R^2(h_1 + h_2)$	
Zylinderabschnitt, Zylinderhuf	$\dfrac{2Rh}{b}[(b-R)\alpha + a]$	$\dfrac{1}{2}RM - \dfrac{h\,a^3}{3b}$	
gerader Kreiskegel	πRk	$\dfrac{1}{3}\pi R^2 h$	
gerader Kegelstumpf	$\pi k(R+r)$	$\dfrac{\pi h}{3}(R^2 + Rr + r^2)$	
Kugel	$4\pi R^2$	$\dfrac{4}{3}\pi R^3$	
Kugelausschnitt	$\pi R(2h + a)$ (Gesamtoberfläche)	$\dfrac{2}{3}\pi R^2 h$	
Kugelkappe	$2\pi Rh$	$\pi h^2\left(R - \dfrac{h}{3}\right)$	
Torus	$4\pi^2 Rr$	$2\pi^2 Rr^2$	

Analytische Geometrie des Raumes

Geraden und Ebenen im $\mathbb{R}^3$

Punkt-Richtungs-Form der Geradengleichung: gegeben Punkt
$P_0(x_0,y_0,z_0)$ der Geraden und Richtungs-Vektor $\mathbf{a} = (a_x,a_y,a_z)^{\mathrm{T}}$

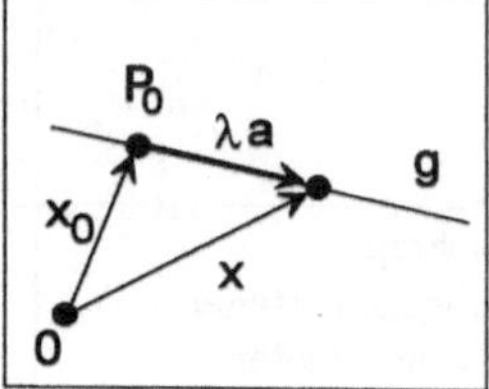

$$\mathbf{x} = \mathbf{x}_0 + \lambda\mathbf{a}$$
$$-\infty < \lambda < \infty$$

in Komponenten:
$$x = x_0 + \lambda a_x$$
$$y = y_0 + \lambda a_y$$
$$z = z_0 + \lambda a_z$$

Zweipunktform der Geradengleichung: gegeben zwei Punkte
$P_1(x_1,y_1,z_1)$ und $P_2(x_2,y_2,z_2)$ der Geraden g

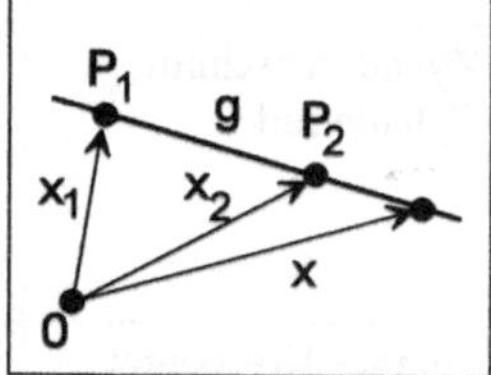

$$\mathbf{x} = \mathbf{x}_1 + \lambda(\mathbf{x}_2 - \mathbf{x}_1)$$
$$-\infty < \lambda < \infty$$

in Komponenten:
$$x = x_1 + \lambda(x_2 - x_1)$$
$$y = y_1 + \lambda(y_2 - y_1)$$
$$z = z_1 + \lambda(z_2 - z_1)$$

Kürzester Vektor $\mathbf{d}$ von der Geraden g (in Punkt-Richtungs-Form)
zum Punkt P:

$$\mathbf{d} = \mathbf{p} - \mathbf{x}_0 - \frac{(\mathbf{p} - \mathbf{x}_0) \cdot \mathbf{a}}{\mathbf{a} \cdot \mathbf{a}}\, \mathbf{a}$$

Lotfußpunkt Q des Lotes (der *Projektion*) vom Punkt P auf die
Gerade g (Gerade g gegeben in Punkt-Richtungs-Form):

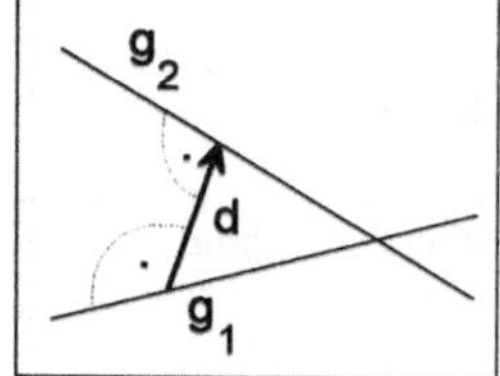

$$\mathbf{q} = \mathbf{x}_0 + \frac{(\mathbf{p} - \mathbf{x}_0) \cdot \mathbf{a}}{\mathbf{a} \cdot \mathbf{a}}\, \mathbf{a}$$

Kürzester Vektor zwischen zwei *windschiefen* Geraden:
Gegeben Gerade $g_1 : \mathbf{x} = \mathbf{x}_1 + \lambda\mathbf{a}_1$, Gerade $g_2 : \mathbf{x} = \mathbf{x}_2 + \mu\mathbf{a}_2$,
wobei $\mathbf{a}_1 \times \mathbf{a}_2 \neq 0$ (Im Fall $\mathbf{a}_1 \times \mathbf{a}_2 = 0$ sind die Geraden parallel.)
Der kürzeste Vektor $\mathbf{d}$ von g_1 zu g_2 ist

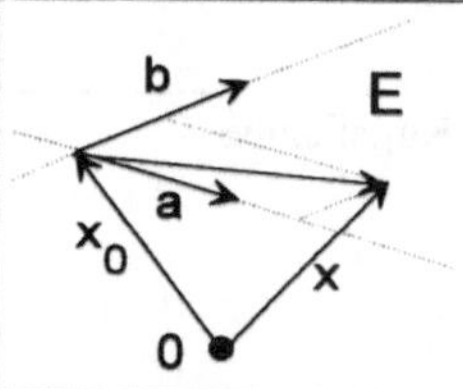

$$\mathbf{d} = \frac{(\mathbf{x}_2 - \mathbf{x}_1) \cdot (\mathbf{a}_1 \times \mathbf{a}_2)}{|\mathbf{a}_1 \times \mathbf{a}_2|^2}(\mathbf{a}_1 \times \mathbf{a}_2)\,.$$

Parameterform der *Ebenengleichung*:

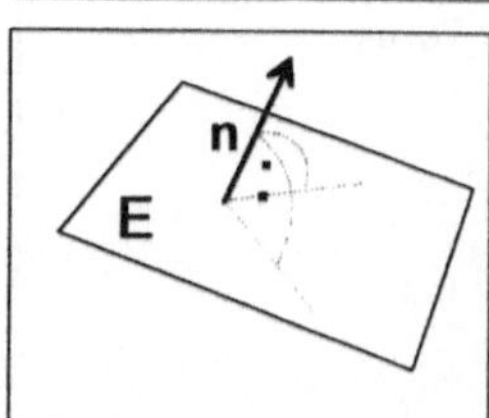

$$\mathbf{x} = \mathbf{x}_0 + \lambda\mathbf{a} + \mu\mathbf{b}$$
$$-\infty < \lambda < \infty$$
$$-\infty < \mu < \infty$$

in Komponenten:
$$x = x_0 + \lambda a_x + \mu b_x$$
$$y = y_0 + \lambda a_y + \mu b_y$$
$$z = z_0 + \lambda a_z + \mu b_z$$

Normalenvektor der Ebene $\mathbf{x} = \mathbf{x}_0 + \lambda\mathbf{a} + \mu\mathbf{b}$:

$$\mathbf{n} = \mathbf{a} \times \mathbf{b}$$

Normalenform der *Ebenengleichung*:

$$\mathbf{n} \cdot \mathbf{x} = D \quad \text{mit} \quad D = \mathbf{n} \cdot \mathbf{x}_0, \quad \mathbf{n} = (A,B,C)^{\mathrm{T}}$$

in Komponenten: $\quad Ax + By + Cz = D$

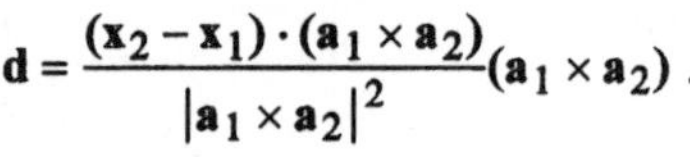

Hessesche Normalform der Ebenengleichung:

$$\frac{\mathbf{n} \cdot \mathbf{x} - D}{|\mathbf{n}|} = 0 \quad \text{in Komponenten:} \quad \frac{Ax + By + Cz - D}{\sqrt{A^2 + B^2 + C^2}} = 0$$

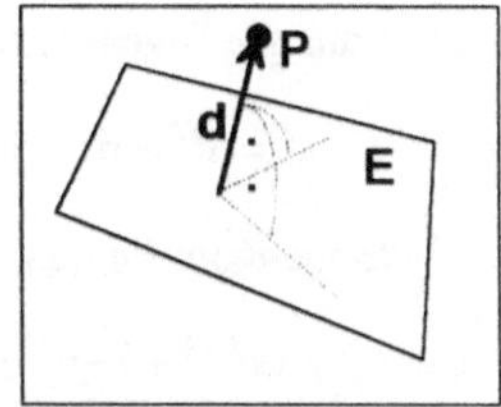

Kürzester Vektor $\mathbf{d}$ zwischen *Ebene* $\mathbf{n} \cdot \mathbf{x} = D$ und *Punkt* P:

$$\mathbf{d} = \frac{\mathbf{n} \cdot \mathbf{p} - D}{|\mathbf{n}|^2} \, \mathbf{n}$$

Kürzester (vorzeichenbehafteter) *Abstand* δ zwischen *Ebene* $\mathbf{n} \cdot \mathbf{x} = D$ und Punkt P:

$$\delta = \frac{\mathbf{n} \cdot \mathbf{p} - D}{|\mathbf{n}|}$$

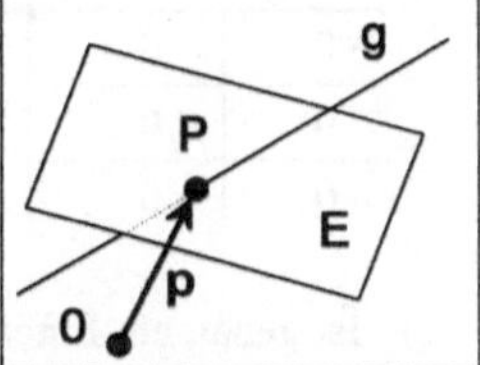

Durchstoßpunkt P der Geraden g: $\mathbf{x} = \mathbf{x}_0 + \lambda \mathbf{a}$ mit Ebene $\mathbf{n} \cdot \mathbf{x} = D$

$$\mathbf{p} = \mathbf{x}_0 + \frac{D - \mathbf{n} \cdot \mathbf{x}_0}{\mathbf{n} \cdot \mathbf{a}} \, \mathbf{a}$$

Winkel zwischen Ebene E_1 : $\mathbf{n}_1 \cdot \mathbf{x} = D_1$ und Ebene E_2 : $\mathbf{n}_2 \cdot \mathbf{x} = D_2$:

$$\cos \alpha = \frac{\mathbf{n}_1 \cdot \mathbf{n}_2}{|\mathbf{n}_1| |\mathbf{n}_2|}$$

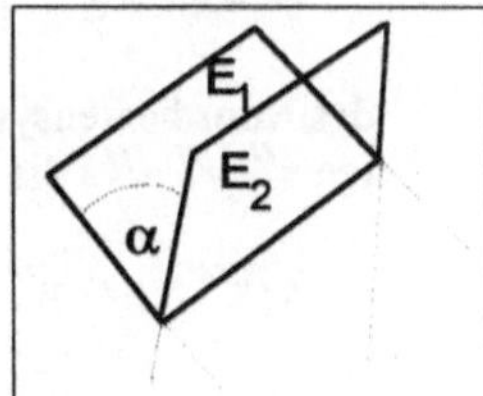

Flächen zweiter Ordnung

Die allgemeine Gleichung einer Fläche zweiter Ordnung im $\mathbb{R}^3$ ist

$$a_{11}x^2 + 2a_{12}xy + 2a_{13}xz + a_{22}y^2 + 2a_{23}yz + a_{33}z^2 + 2a_{01}x + 2a_{02}y + 2a_{03}z + a_{00} = 0,$$

in vektorieller Form

$$\mathbf{x}^T \mathbf{A} \mathbf{x} + 2\mathbf{a}^T \mathbf{x} + a_{00} = 0 \quad \text{mit} \quad \mathbf{x} = \begin{pmatrix} x \\ y \\ z \end{pmatrix}, \quad \mathbf{A} = \begin{pmatrix} a_{11} & a_{12} & a_{13} \\ a_{12} & a_{22} & a_{23} \\ a_{13} & a_{23} & a_{33} \end{pmatrix}, \quad \mathbf{a} = \begin{pmatrix} a_{01} \\ a_{02} \\ a_{03} \end{pmatrix}.$$

Hauptachsentransformation (Transformation auf Normalform)

Schritt 1: Drehung des Koordinatensystems, neue Koordinaten x', y', z'

$$\mathbf{x} = \mathbf{C}\mathbf{x}' \quad \text{mit} \quad \mathbf{C} = \begin{pmatrix} \mathbf{c}_1 & \mathbf{c}_2 & \mathbf{c}_3 \\ \vdots & \vdots & \vdots \end{pmatrix}, \quad \mathbf{c}_i \ldots \; \text{System orthonormierter Eigenvektoren}$$
von $\mathbf{A}$, zugehörige Eigenwerte λ_i.

Die $\mathbf{c}_i$ werden so numeriert, daß λ_1 und λ_2 gleiches Vorzeichen haben oder, wenn ein Eigenwert Null ist, daß $\lambda_1 > 0$, $\lambda_3 = 0$ gilt oder, wenn zwei Eigenwerte Null sind, daß $\lambda_2 \neq 0$ gilt. Es ergibt sich

$$\lambda_1 x'^2 + \lambda_2 y'^2 + \lambda_3 z'^2 + 2\mathbf{b}^T \mathbf{x}' + a_{00} = 0 \quad \text{mit} \quad \mathbf{b} = \mathbf{C}^T \mathbf{a} \,.$$

Schritt 2: Verschiebung des Koordinatensystems, bzw. Drehung und Verschiebung

a) Sind alle Eigenwerte von Null verschieden, so ergibt die Koordinaten-Verschiebung

$$\mathbf{x}' = \mathbf{x}'' + \mathbf{d} \quad \text{mit} \quad d_i = -\frac{b_i}{\lambda_i} \quad (i = 1, 2, 3)$$

(neue Koordinaten x'', y'', z'') die Normalform

$$\lambda_1 x''^2 + \lambda_2 y''^2 + \lambda_3 z''^2 + a_{00}'' = 0 \quad \text{mit} \quad a_{00}'' = a_{00} + \mathbf{b}^\mathsf{T}\mathbf{d} \; .$$

$\lambda_1 \cdot \lambda_3$	$\lambda_1 \cdot a_{00}''$	Name	$\lambda_1 \cdot \lambda_3$	$\lambda_1 \cdot a_{00}''$	Name
> 0	> 0	keine reellen Punkte	< 0	> 0	zweischaliges Hyperboloid
> 0	< 0	Ellipsoid	< 0	< 0	einschaliges Hyperboloid
> 0	$= 0$	einzelner Punkt	< 0	$= 0$	elliptischer Kegel

b) Ist genau ein Eigenwert gleich Null, $\lambda_3 = 0$, und gilt $b_3 \neq 0$, so ergibt die Verschiebung

$$\mathbf{x}' = \mathbf{x}'' + \mathbf{d} \quad \text{mit} \quad d_1 = -\frac{b_1}{\lambda_1}, \quad d_2 = -\frac{b_2}{\lambda_2}, \quad d_3 = -\frac{a_{00} + b_1 d_1 + b_2 d_2}{2 b_3}$$

des Koordinatensystems (neue Koordinaten x'', y'', z'') die Normalform

$$\lambda_1 x''^2 + \lambda_2 y''^2 + 2 b_3 z'' = 0 \; .$$

λ_2	b_3	Name
> 0	$\neq 0$	elliptisches Paraboloid
< 0	$\neq 0$	hyperbolisches Paraboloid

c) Ist genau ein Eigenwert gleich Null, $\lambda_3 = 0$, und gilt $b_3 = 0$, so ergibt die Verschiebung

$$\mathbf{x}' = \mathbf{x}'' + \mathbf{d} \quad \text{mit} \quad d_1 = -\frac{b_1}{\lambda_1}, \quad d_2 = -\frac{b_2}{\lambda_2}, \quad d_3 = 0$$

des Koordinatensystems (neue Koordinaten x'', y'', z'') die Normalform

$$\lambda_1 x''^2 + \lambda_2 y''^2 + a_{00}'' = 0 \quad \text{mit} \quad a_{00}'' = a_{00} + \mathbf{b}^\mathsf{T}\mathbf{d} \; .$$

λ_2	a_{00}''	Name	λ_2	a_{00}''	Name
> 0	> 0	keine reellen Punkte	< 0	$\neq 0$	hyperbolischer Zylinder
> 0	< 0	elliptischer Zylinder	< 0	$= 0$	Ebenenpaar
> 0	$= 0$	reelle Gerade			

d) Sind zwei Eigenwerte gleich Null ($\lambda_1 = \lambda_3 = 0$) und gilt $\gamma := b_1^2 + b_3^2 \neq 0$, so ergibt

$$x' = (b_1 x'' - b_3 z'') / \sqrt{\gamma} + b_1 a_{00}/\gamma$$
$$y' = y'' - b_2/\lambda_2$$
$$z' = (b_3 x'' + b_1 z'') / \sqrt{\gamma}$$

(Drehung in der x',z'-Ebene und Verschiebung) die Normalform

$$\lambda_2 y''^2 + \sqrt{\gamma}\, x'' = 0 \; .$$

	Name
	parabolischer Zylinder

e) Sind zwei Eigenwerte gleich Null ($\lambda_1 = \lambda_3 = 0$) und gilt $b_1 = b_3 = 0$, so ergibt

$$x' = x'', \qquad y' = y'' - \frac{b_2}{\lambda_2}, \qquad z' = z''$$

(Verschiebung des Koordinatensystems längs der y'-Achse) die Normalform

$$\lambda_2 y''^{\,2} + a_{00}'' = 0 \qquad \text{mit} \qquad a_{00}'' = a_{00} + b_2 d_2 \ .$$

$\lambda_2 \cdot a_{00}''$	Name
> 0	keine reellen Punkte
< 0	zwei parallele Ebenen
$= 0$	eine Ebene

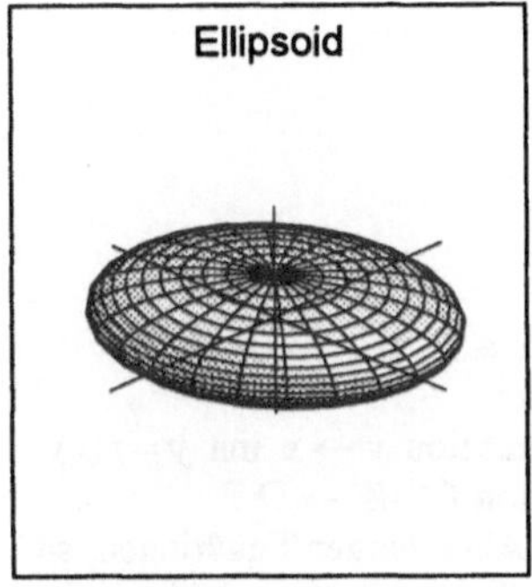

Ellipsoid

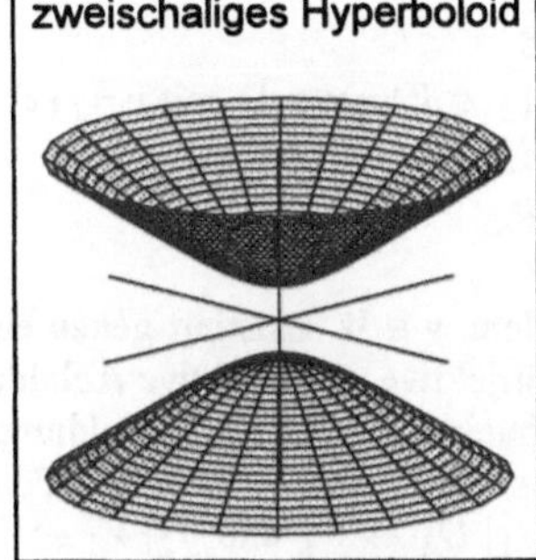

zweischaliges Hyperboloid

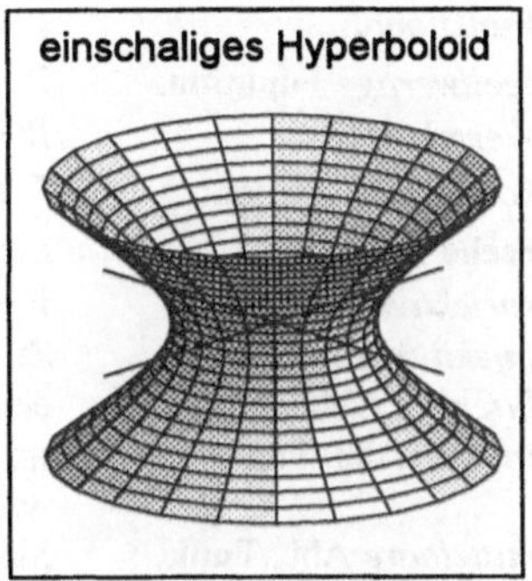

einschaliges Hyperboloid

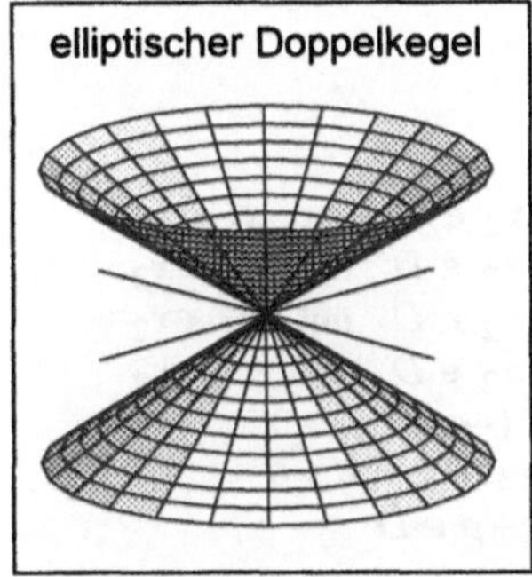

elliptischer Doppelkegel

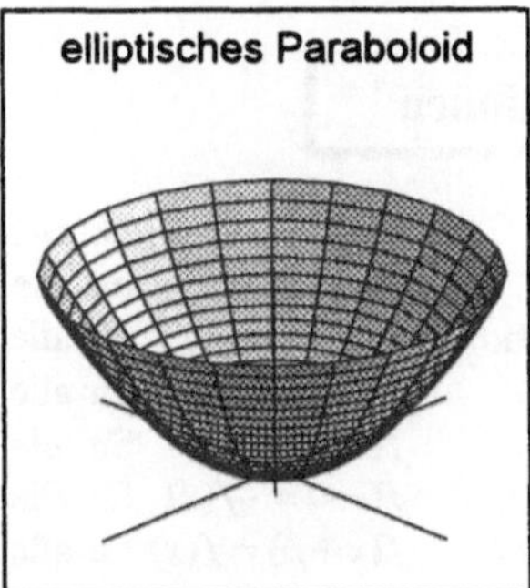

elliptisches Paraboloid

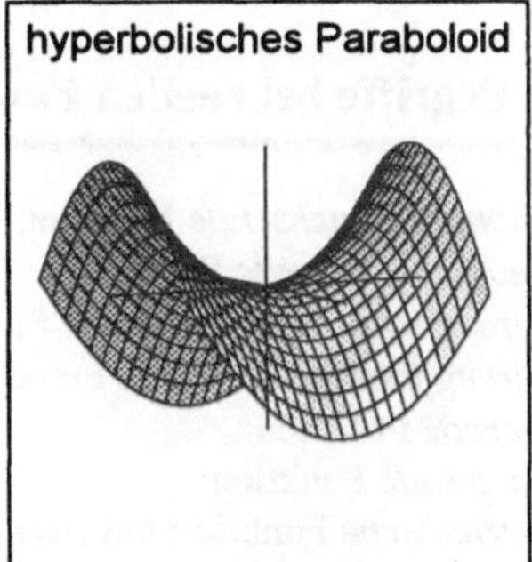

hyperbolisches Paraboloid

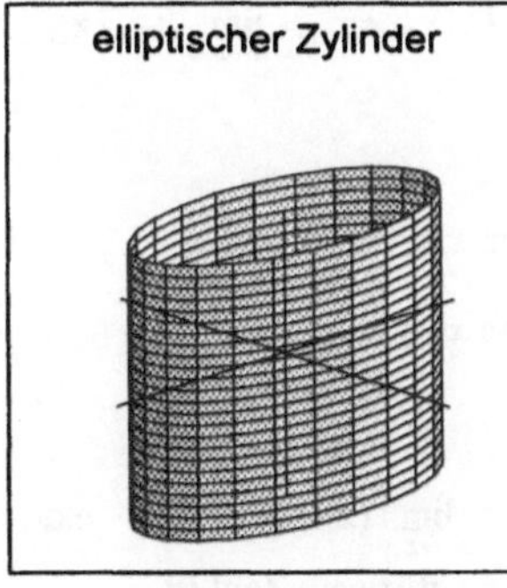

elliptischer Zylinder

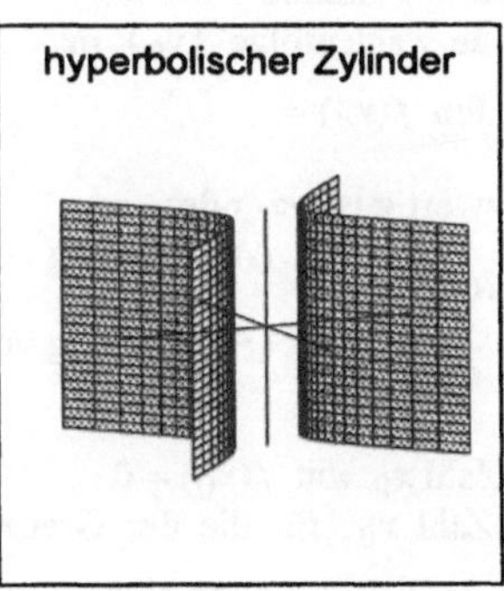

hyperbolischer Zylinder

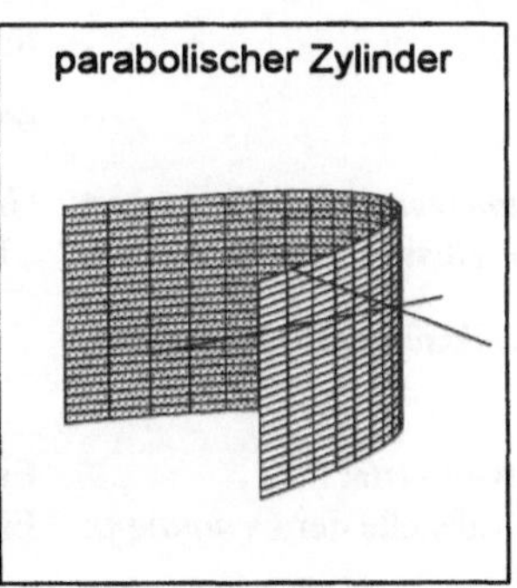

parabolischer Zylinder

Abbildungen, reelle Funktionen

Eine **Abbildung** $f \mid D \to V$ ist eine Zuordnungsvorschrift, die jedem Element x einer Menge D genau ein Element y einer Menge V zuordnet.

Schreibweise: $\qquad y = f(x), \quad x \in D$

Definitionsbereich:	D
Funktional:	$V = \mathbb{C}$
reellwertige Funktion:	$V = \mathbb{R}$
Wertebereich:	$W = \{ y \in V \mid \exists\, x \in D \ \text{mit } y = f(x) \}$
komplexe Funktion:	$D \subset \mathbb{C},\ V = \mathbb{C}$
reelle Funktion:	$D \subset \mathbb{R},\ V = \mathbb{R}$
surjektive Abbildung:	$V = W$
injektive Abbildung:	Zu jedem $y \in W$ existiert genau ein $x \in D$ mit $y = f(x)$.
bijektive Abbildung:	eine surjektive und injektive Abbildung
inverse Abb./Funkt.:	Ist f injektiv, so ist die Abbildung/Funktion $y \to x$ mit $y = f(x)$ wieder eine injektive Abbildung/Funktion $f^{-1} \mid W \to D$.
mittelbare Abb./Funkt.:	Sind $f_1 \mid D_1 \to V_1$ und $f_2 \mid V_1 \to V_2$ Abbildungen/Funktionen, so ist $f \mid D_1 \to V_2$ mit $f(x) = f_2(f_1(x))$ die aus f_1, f_2 gebildete mittelbare Abbildung/Funktion (auch verkettete Abb./Fkt.)

Begriffe bei reellen Funktionen

monoton wachsende Funktion:	$f(x_1) \leq f(x_2)$ für alle $x_1, x_2 \in D$ mit $x_1 < x_2$
monoton fallende Funktion:	$f(x_1) \geq f(x_2)$ für alle $x_1, x_2 \in D$ mit $x_1 < x_2$
streng monoton wachsende Funktion:	$f(x_1) < f(x_2)$ für alle $x_1, x_2 \in D$ mit $x_1 < x_2$
streng monoton fallende Funktion:	$f(x_1) > f(x_2)$ für alle $x_1, x_2 \in D$ mit $x_1 < x_2$
gerade Funktion:	$f(-x) = f(x)$ für alle $x \in (-a, a),\ a > 0$
ungerade Funktion:	$f(-x) = -f(x)$ für alle $x \in (-a, a),\ a > 0$
periodische Funktion mit *Periode p*:	$f(x + p) = f(x)$ für alle $x, x + p \in D$

Grenzwert: Eine in einer Umgebung von x_0 mit eventueller Ausnahme von x_0 definierte Funktion f hat an der Stelle x_0 den Grenzwert g, falls für jede Zahlenfolge $\{x_n\}$ mit $x_n \in D$, $x_n \neq x_0$, $\lim\limits_{n \to \infty} x_n = x_0$

gilt: $\lim\limits_{n \to \infty} f(x_n) = \ $.

uneigentlicher Grenzwert: Grenzwert g ist $+\infty$ oder $-\infty$.

rechtsseitiger Grenzwert: $\lim\limits_{x \to x_0 + 0} f(x) = g$ (Annäherung von x an x_0 von rechts)

linksseitiger Grenzwert: $\lim\limits_{x \to x_0 - 0} f(x) = g$ (Annäherung von x an x_0 von links)

Nullstelle: Eine Zahl x_0 mit $f(x_0) = 0$.

Nullstelle der *Ordnung p*: Eine Zahl x_0, für die der Grenzwert $\lim\limits_{x \to x_0} (x - x_0)^{-p} f(x)$ existiert, endlich und nicht Null ist, wobei p natürliche Zahl ist.

Polstelle: Eine Zahl x_0, für welche die Grenzwerte $\lim\limits_{x \to x_0+0} f(x)$ und $\lim\limits_{x \to x_0-0} f(x)$ beide existieren und mindestens einer uneigentlich ist.

Polstelle der *Ordnung p*: Eine Zahl x_0, für die der Grenzwert $\lim\limits_{x \to x_0} (x - x_0)^p f(x)$ existiert, endlich und von Null verschieden ist, wobei p natürliche Zahl ist.

Lücke: Eine Zahl x_0, für die $\lim\limits_{x \to x_0} f(x)$ existiert, jedoch $f(x_0)$ nicht definiert ist.

stetige Funktion: Eine Funktion f heißt an der Stelle x_0 stetig, wenn

1. der Funktionswert $f(x_0)$ erklärt ist,
2. der Grenzwert $\lim\limits_{x \to x_0} f(x)$ existiert und
3. beide Werte - Funktionswert und Grenzwert - übereinstimmen.

Spezielle Grenzwerte

$$\lim_{x \to \infty} \frac{x}{\sqrt{1 + x^2}} = 1 \qquad \lim_{x \to 1} \frac{x^n - 1}{x - 1} = n \qquad \lim_{x \to 0} \frac{\sin x}{x} =$$

$$\lim_{x \to +0} x^x = 1 \qquad \lim_{x \to \infty} (1 + \tfrac{1}{x})^x = e \qquad \lim_{x \to -\infty} (1 + \tfrac{1}{x})^x = e$$

$$\lim_{x \to 0} \frac{a^x - 1}{x} = \ln a \qquad \lim_{x \to \infty} \frac{\ln x}{x} = 0 \qquad \lim_{x \to 0} \frac{\log_a(1 + x)}{x} = \frac{1}{\ln a}$$

Regel von de l'Hospital

Voraussetzung: Die Funktionen f und g seien differenzierbar in der Umgebung von x_0, eventuell mit Ausnahme der Stelle x_0 selbst.

- $\lim\limits_{x \to x_0} f(x) = 0$, $\lim\limits_{x \to x_0} g(x) = 0$, $\lim\limits_{x \to x_0} \frac{f'(x)}{g'(x)}$ existiere $\boxed{\frac{0}{0}}$

$$\Rightarrow \quad \lim_{x \to x_0} \frac{f(x)}{g(x)} = \lim_{x \to x_0} \frac{f'(x)}{g'(x}$$

- $\lim\limits_{x \to x_0} f(x) = \pm\infty$, $\lim\limits_{x \to x_0} g(x) = \pm\infty$, $\lim\limits_{x \to x_0} \frac{f'(x)}{g'(x)}$ existiere $\boxed{\frac{\infty}{\infty}}$

$$\Rightarrow \quad \lim_{x \to x_0} \frac{f(x)}{g(x)} = \lim_{x \to x_0} \frac{f'(x)}{g'(x}$$

- Ausdrücke der Form $0 \cdot \infty$ oder $\infty - \infty$ werden durch Umformung auf die Form $\frac{0}{0}$ oder $\frac{\infty}{\infty}$ gebracht. $\boxed{0 \cdot \infty,\ \infty - \infty}$

- Ausdrücke der Form 0^0 oder ∞^0 oder 1^∞ werden über die Umformung $f(x)^{g(x)} = e^{g(x)\ln f(x)}$ auf die Form $0 \cdot \infty$ gebracht. $\boxed{0^0,\ \infty^0,\ 1^\infty}$

Elementare Funktionen

Exponentialfunktion

$$y = a^x \quad \text{mit} \quad a \in \mathbb{R}, \ a > 0 \qquad (a \text{ heißt } \textit{Basis})$$
$$\text{für} \quad a = e: \quad y = e^x = \exp(x)$$

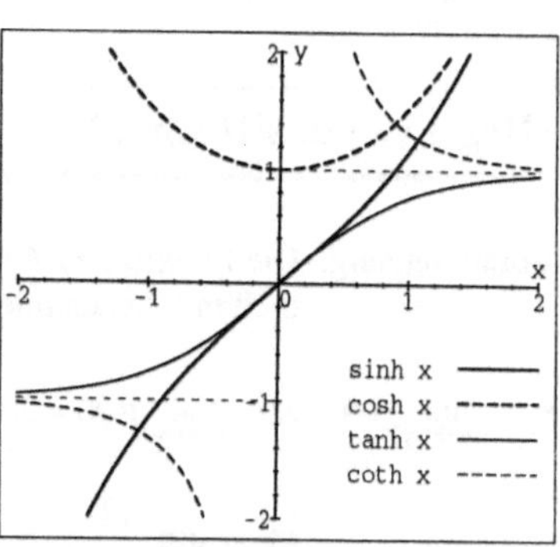

Logarithmusfunktion

$$y = \log_a x \qquad \text{mit} \quad a > 0 \ \text{und} \ x > 0$$

Umkehrfunktion der Exponentialfunktion

für $a = e$: $\quad y = \ln x \quad$ (*natürlicher Logarithmus*)

Rechengesetze:

$$\log_a(uv) = \log_a u + \log_a$$
$$\log_a\!\left(\frac{u}{v}\right) = \log_a u + \log_a$$
$$\log_a u^v = v \cdot \log_a$$
$$\log_b u = \frac{\log_a u}{\log_a b} \quad \dots \quad \begin{array}{l}\text{Umrechnungsformel}\\ \text{auf andere Basis}\end{array}$$

Hyperbelfunktionen

$$y = \sinh x := \tfrac{1}{2}(e^x - e^{-x}) \dots \textit{Hyperbelsinus}$$
$$\text{(Sinus hyperbolicus)}$$

$$y = \cosh x := \tfrac{1}{2}(e^x + e^{-x}) \dots \textit{Hyperbelcosinus}$$
$$\text{(Cosinus hyperbolicus)}$$

$$y = \tanh x := \frac{e^x - e^{-x}}{e^x + e^{-x}} \quad \dots \quad \textit{Hyperbeltangens}$$
$$\text{(Tangens hyperbolicus)}$$

$$y = \coth x := \frac{e^x + e^{-x}}{e^x - e^{-x}} \quad \dots \quad \textit{Hyperbelcotangens}$$
$$\text{für } x \neq 0 \qquad \text{(Cotangens hyperbolicus)}$$

Umrechnung hyperbolischer Funktionen untereinander für $x > 0$

	$\sinh x$	$\cosh x$	$\tanh x$	$\coth x$
$\sinh x$	-	$\sqrt{\cosh^2 x - 1}$	$\dfrac{\tanh x}{\sqrt{1 - \tanh^2 x}}$	$\dfrac{1}{\sqrt{\coth^2 x - 1}}$
$\cosh x$	$\sqrt{1 + \sinh^2 x}$	-	$\dfrac{1}{\sqrt{1 - \tanh^2 x}}$	$\dfrac{\coth x}{\sqrt{\coth^2 x - 1}}$
$\tanh x$	$\dfrac{\sinh x}{\sqrt{1 + \sinh^2 x}}$	$\dfrac{\sqrt{\cosh^2 x -}}{\cosh x}$	-	$\dfrac{1}{\coth x}$
$\coth x$	$\dfrac{\sqrt{1 + \sinh^2 x}}{\sinh x}$	$\dfrac{\cosh x}{\sqrt{\cosh^2 - 1}}$	$\dfrac{1}{\tanh x}$	-

Additionstheoreme für Hyperbelfunktionen

$$\sinh(x \pm y) = \sinh x \cosh y \pm \cosh x \sinh$$

$$\cosh(x \pm y) = \cosh x \cosh y \pm \sinh x \sinh$$

$$\tanh(x \pm y) = \frac{\tanh x \pm \tanh y}{1 \pm \tanh x \tanh y}$$

$$\coth(x \pm y) = \frac{1 \pm \coth x \coth y}{\coth x \pm \coth y}$$

Doppelwinkelformeln für Hyperbelfunktionen

$$\sinh 2x = 2 \sinh x \cosh x$$

$$\cosh 2x = \sinh^2 x + \cosh^2 x$$

$$\tanh 2x = \frac{2 \tanh x}{1 + \tanh^2 x}$$

$$\coth 2x = \frac{1 + \coth^2 x}{2 \coth x}$$

Halbwinkelformeln für Hyperbelfunktionen

$$\sinh \frac{x}{2} = \sqrt{\frac{1}{2}(\cosh x - 1)} \quad \text{für } x \geq 0$$

$$\sinh \frac{x}{2} = -\sqrt{\frac{1}{2}(\cosh x - 1)} \quad \text{für } x \leq 0$$

$$\cosh \frac{x}{2} = \sqrt{\frac{1}{2}(\cosh x + 1)}$$

$$\tanh \frac{x}{2} = \frac{\sinh x}{\cosh x + 1} = \frac{\cosh x - 1}{\sinh x}$$

$$\coth \frac{x}{2} = \frac{\sinh x}{\cosh x - 1} = \frac{\cosh x + 1}{\sinh x}$$

Summe und *Differenz* von Hyperbelfunktionen

$$\sinh x + \sinh y = 2 \sinh \frac{x+y}{2} \cosh \frac{x-y}{2}$$

$$\sinh x - \sinh y = 2 \sinh \frac{x-y}{2} \cosh \frac{x+y}{2}$$

$$\cosh x + \cosh y = 2 \cosh \frac{x+y}{2} \cosh \frac{x-y}{2}$$

$$\cosh x - \cosh y = 2 \sinh \frac{x+y}{2} \sinh \frac{x-y}{2}$$

$$\tanh x \pm \tanh y = \frac{\sinh(x \pm y)}{\cosh x \cosh y}$$

$$\coth x \pm \coth y = \frac{\pm \sinh(x \pm y)}{\sinh x \sinh y}$$

Formel von Moivre: $(\cosh x \pm \sinh x)^n = \cosh nx \pm \sinh nx$

Areafunktionen

Die Umkehrfunktionen (inversen Funktionen) des Hyperbelsinus, Hyperbeltangens, Hyperbel-cotangens und des rechten Teils des Hyperbelcosinus werden als *Areafunktionen* bezeichnet:

Aus $x = \sinh y$ entsteht
    $y = \operatorname{arsinh} x$ ... *Areasinus*
        (Area sinus hyperbolicus)

Aus $x = \cosh y$ entsteht für $y \geq 0$
    $y = \operatorname{arcosh} x$ ... *Areacosinus*
        (Area cosinus hyperbolicus)

Aus $x = \tanh y$ entsteht
    $y = \operatorname{artanh} x$ ... *Areatangens*
        (Area tangens hyperbolicus)

Aus $x = \coth y$ entsteht
    $y = \operatorname{arcoth} x$ ... *Areacotangens*
        (Area cotangens hyperbolicus)

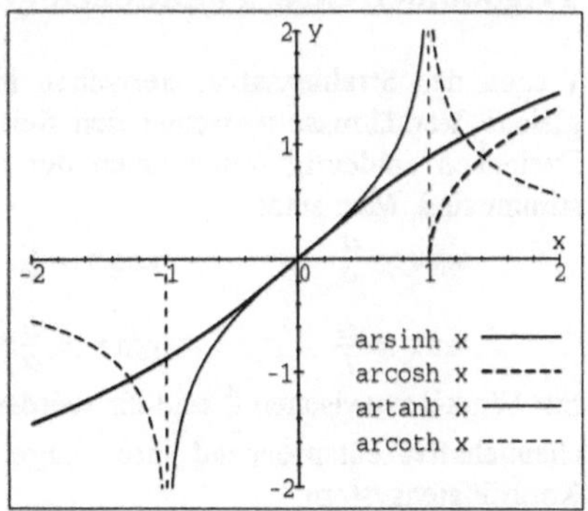

Darstellung der Areafunktionen durch Logarithmus-Funktionen

$$\operatorname{arsinh} x = \ln\left(x + \sqrt{x^2 + 1}\right) \qquad\qquad \operatorname{arcosh} x = \ln\left(x + \sqrt{x^2 - 1}\right) \ \text{ für } x \geq 1$$

$$\operatorname{artanh} x = \ln\sqrt{\frac{1+x}{1-x}} \ \text{ für } |x| < 1 \qquad\qquad \operatorname{arcoth} x = \ln\sqrt{\frac{x+1}{x-1}} \ \text{ für } |x| > 1$$

Umkehrfunktion des linken Teils des *Hyperbelcosinus*:

Aus $x = \cosh y$ entsteht für $y \leq 0$

$$y = -\operatorname{arcosh} x = \ln\left(x - \sqrt{x^2 - 1}\right) \ \text{ für } x \geq 1$$

Umrechnung von Areafunktionen untereinander

	$\operatorname{arsinh} x$	$\operatorname{arcosh} x$	$\operatorname{artanh} x$	$\operatorname{arcoth} x$
$\operatorname{arsinh} x$	-	$\operatorname{sgn}(x)\operatorname{arcosh}\sqrt{x^2+1}$	$\operatorname{artanh}\dfrac{x}{\sqrt{x^2+1}}$	$\operatorname{arcoth}\dfrac{\sqrt{x^2+1}}{x}$
$\operatorname{arcosh} x$	$\operatorname{arsinh}\sqrt{x^2-1}$	-	$\operatorname{artanh}\dfrac{\sqrt{x^2-1}}{x}$	$\operatorname{arcoth}\dfrac{x}{\sqrt{x^2-1}}$
$\operatorname{artanh} x$	$\operatorname{arsinh}\dfrac{x}{\sqrt{1-x^2}}$	$\operatorname{sgn}(x)\operatorname{arcosh}\dfrac{1}{\sqrt{1-x^2}}$	-	$\operatorname{arcoth}\dfrac{1}{x}$
$\operatorname{arcoth} x$	$\operatorname{arsinh}\dfrac{1}{\sqrt{x^2-1}}$	$\operatorname{sgn}(x)\operatorname{arcosh}\dfrac{x}{\sqrt{x^2-1}}$	$\operatorname{artanh}\dfrac{1}{x}$	-

Summe und *Differenz* von Areafunktionen

$$\operatorname{arsinh} x \pm \operatorname{arsinh} y = \operatorname{arsinh}\left(x\sqrt{1+y^2} \pm y\sqrt{1+x^2}\right)$$

$$\operatorname{arcosh} x \pm \operatorname{arcosh} y = \operatorname{arcosh}\left(xy \pm \sqrt{(x^2-1)(y^2-1)}\right)$$

$$\operatorname{artanh} x \pm \operatorname{artanh} y = \operatorname{artanh}\frac{x \pm y}{1 \pm xy} \qquad\qquad \operatorname{arcoth} x \pm \operatorname{arcoth} y = \operatorname{arcoth}\frac{1 \pm xy}{x \pm y}$$

Trigonometrische Funktionen (Winkelfunktionen)

Wegen des Strahlensatzes herrschen in kongruenten Dreiecken gleiche Verhältnisse zwischen den Seiten, die in rechtwinkligen Dreiecken eindeutig durch einen der nicht rechten Winkel bestimmt sind. Man setzt

$$\sin x := \frac{a}{c} \qquad\qquad \cos x := \frac{b}{c}$$

$$\tan x := \frac{a}{b} \qquad\qquad \cot x := \frac{b}{a}$$

Für Winkel x zwischen $\frac{\pi}{2}$ und 2π werden die Strecken a, b vorzeichenbehaftet entsprechend ihrer Lage in einem rechtwinkligen Koordinatensystem.

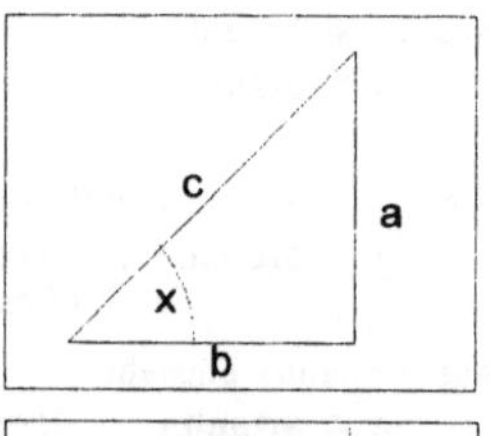

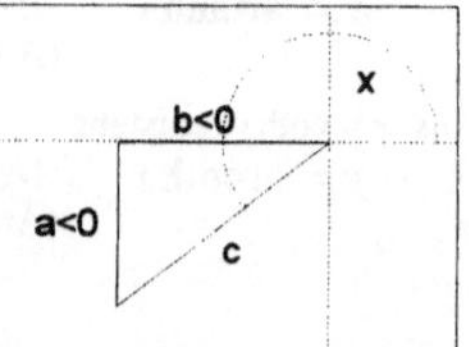

Vorzeichen-, Verschiebungs- und Spiegelungseigenschaften

$$\sin\left(\tfrac{\pi}{2}+x\right) = \sin\left(\tfrac{\pi}{2}-x\right) = \cos x \qquad \sin(\pi+x) = -\sin x \qquad \sin\left(\tfrac{3\pi}{2}+x\right) = -\cos x$$

$$\cos\left(\tfrac{\pi}{2}+x\right) = -\cos\left(\tfrac{\pi}{2}-x\right) = -\sin x \qquad \cos(\pi+x) = -\cos x \qquad \cos\left(\tfrac{3\pi}{2}+x\right) = \sin x$$

$$\tan\left(\tfrac{\pi}{2}+x\right) = -\tan\left(\tfrac{\pi}{2}-x\right) = -\cot x \qquad \tan(\pi+x) = \tan x \qquad \tan\left(\tfrac{3\pi}{2}+x\right) = -\cot x$$

$$\cot\left(\tfrac{\pi}{2}+x\right) = -\cot\left(\tfrac{\pi}{2}-x\right) = -\tan x \qquad \cot(\pi+x) = \cot x \qquad \cot\left(\tfrac{3\pi}{2}+x\right) = -\tan x$$

Periodizität (kleinste Perioden)

$$\sin(x+2\pi) = \sin x \qquad \cos(x+2\pi) = \cos x$$

$$\tan(x+\pi) = \tan x \qquad \cot(x+\pi) = \cot x$$

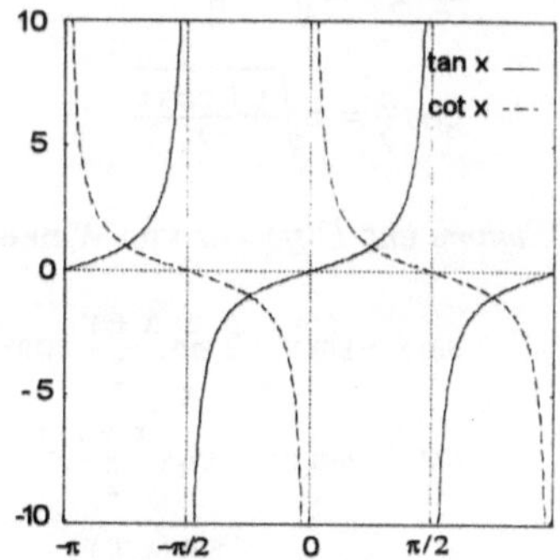

♦ **spezielle Funktionswerte**

Bogenmaß	0	$\frac{\pi}{6}$	$\frac{\pi}{4}$	$\frac{\pi}{3}$	$\frac{\pi}{2}$
Gradmaß	0°	30°	45°	60°	90°
$\sin x$	0	$\frac{1}{2}$	$\frac{1}{2}\sqrt{2}$	$\frac{1}{2}\sqrt{3}$	1
$\cos x$	1	$\frac{1}{2}\sqrt{3}$	$\frac{1}{2}\sqrt{2}$	$\frac{1}{2}$	0
$\tan x$	0	$\frac{1}{3}\sqrt{3}$	1	$\sqrt{3}$	-
$\cot x$	-	$\sqrt{3}$	1	$\frac{1}{3}\sqrt{3}$	0

Umrechnung von **Winkelfunktionen untereinander**

$$\sin^2 x + \cos^2 x = 1 \qquad\qquad \tan x = \frac{\sin x}{\cos x} \qquad\qquad \cot x = \frac{\cos x}{\sin x}$$

Für $0 \le x \le \frac{\pi}{2}$ gilt:

	$\sin x$	$\cos x$	$\tan x$	$\cot x$
$\sin x$	-	$\sqrt{1-\cos^2 x}$	$\dfrac{\tan x}{\sqrt{1+\tan^2 x}}$	$\dfrac{1}{\sqrt{1+\cot^2 x}}$
$\cos x$	$\sqrt{1-\sin^2 x}$	-	$\dfrac{1}{\sqrt{1+\tan^2 x}}$	$\dfrac{\cot x}{\sqrt{1+\cot^2 x}}$
$\tan x$	$\dfrac{\sin x}{\sqrt{1-\sin^2 x}}$	$\dfrac{\sqrt{1-\cos^2 x}}{\cos x}$	-	$\dfrac{1}{\cot x}$
$\cot x$	$\dfrac{\sqrt{1-\sin^2 x}}{\sin x}$	$\dfrac{\cos x}{\sqrt{1-\cos^2 x}}$	$\dfrac{1}{\tan x}$	-

Additionstheoreme der Winkelfunktionen

$$\sin(x \pm y) = \sin x \cos y \pm \cos x \sin y \qquad \cos(x \pm y) = \cos x \cos y \mp \sin x \sin y$$

$$\tan(x \pm y) = \frac{\tan x \pm \tan y}{1 \mp \tan x \tan y} \qquad \cot(x \pm y) = \frac{\cot x \cot y \mp 1}{\cot y \pm \cot x}$$

Doppelwinkelformeln der Winkelfunktionen

$$\sin 2x = 2 \sin x \cos x = \frac{2 \tan x}{1 + \tan^2 x} \qquad \cos 2x = \cos^2 x - \sin^2 x = \frac{1 - \tan^2 x}{1 + \tan^2 x}$$

$$\tan 2x = \frac{2 \tan x}{1 - \tan^2 x} = \frac{2}{\cot x - \tan x} \qquad \cot 2x = \frac{\cot^2 x - 1}{2 \cot x} = \frac{\cot x - \tan x}{2}$$

Halbwinkelformeln der Winkelfunktionen

$$\sin \frac{x}{2} = \pm \sqrt{\frac{1 - \cos x}{2}} \qquad \tan \frac{x}{2} = \pm \sqrt{\frac{1 - \cos x}{1 + \cos x}} = \frac{\sin x}{1 + \cos x} = \frac{1 - \cos x}{\sin x}$$

$$\cos \frac{x}{2} = \pm \sqrt{\frac{1 + \cos x}{2}} \qquad \cot \frac{x}{2} = \pm \sqrt{\frac{1 + \cos x}{1 - \cos x}} = \frac{\sin x}{1 - \cos x} = \frac{1 + \cos x}{\sin x}$$

Summe und *Differenz* von Winkelfunktionen

$$\sin x + \sin y = 2 \sin \frac{x+y}{2} \cos \frac{x-y}{2} \qquad \cos x + \cos y = 2 \cos \frac{x+y}{2} \cos \frac{x-y}{2}$$

$$\sin x - \sin y = 2 \cos \frac{x+y}{2} \sin \frac{x-y}{2} \qquad \cos x - \cos y = -2 \sin \frac{x+y}{2} \sin \frac{x-y}{2}$$

$$\tan x \pm \tan y = \frac{\sin(x \pm y)}{\cos x \cos y} \qquad \cot x \pm \cot y = \pm \frac{\sin(x \pm y)}{\sin x \sin y}$$

Produkte von Winkelfunktionen

$$\sin x \sin y = \frac{1}{2}(\cos(x-y) - \cos(x+y)) \qquad \cos x \cos y = \frac{1}{2}(\cos(x-y) + \cos(x+y))$$

$$\tan x \tan y = \frac{\tan x + \tan y}{\cot x + \cot y} \qquad \cot x \cot y = \frac{\cot x + \cot y}{\tan x + \tan y}$$

$$\sin x \cos y = \frac{1}{2}(\sin(x-y) + \sin(x+y)) \qquad \tan x \cot y = \frac{\tan x + \cot y}{\cot x + \tan y}$$

$$\sin(x+y)\sin(x-y) = \cos^2 y - \cos^2 x \qquad \cos(x+y)\cos(x-y) = \cos^2 y - \sin^2 x$$

Potenzen von Winkelfunktionen

$$\sin^2 x = \frac{1}{2}(1 - \cos 2x) \qquad \cos^2 x = \frac{1}{2}(1 + \cos 2x)$$

$$\sin^3 x = \frac{1}{4}(3 \sin x - \sin 3x) \qquad \cos^3 x = \frac{1}{4}(3 \cos x + \cos 3x)$$

$$\sin^4 x = \frac{1}{8}(3 - 4 \cos 2x + \cos 4x) \qquad \cos^4 x = \frac{1}{8}(3 + 4 \cos 2x + \cos 4x)$$

Arkusfunktionen

Die Umkehrfunktionen (inversen Funktionen) der Winkelfunktionen werden als *Arkusfunktionen* oder *zyklometrische Funktionen* bezeichnet.

Aus $x = \sin y$ entsteht

$$y = \arcsin x \quad \dots \quad \textit{Arkussinus}$$

Aus $x = \cos y$ entsteht

$$y = \arccos x \quad \dots \quad \textit{Arkuskosinus}$$

Aus $x = \tan y$ entsteht

$$y = \arctan x \quad \dots \quad \textit{Arkustangens}$$

Aus $x = \cot y$ entsteht

$$y = \operatorname{arccot} x \quad \dots \quad \textit{Arkuskotangens}$$

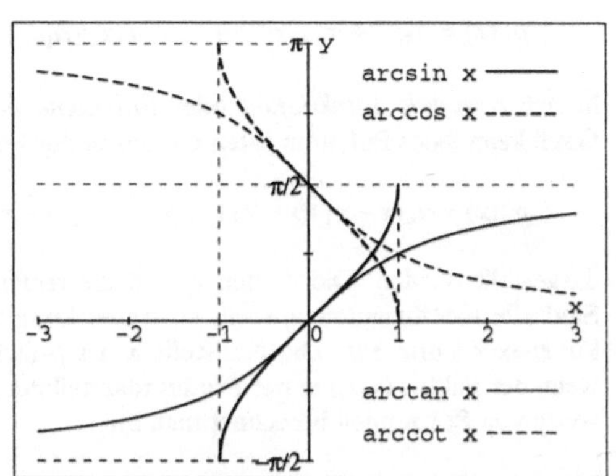

Definitions- und Wertebereiche

Arkusfunktion	Definitionsbereich	Wertebereich
$y = \arcsin x$	$-1 \leq x \leq 1$	$-\dfrac{\pi}{2} \leq y \leq \dfrac{\pi}{2}$
$y = \arccos x$	$-1 \leq x \leq 1$	$0 \leq y \leq \pi$
$y = \arctan x$	$-\infty < x < \infty$	$-\dfrac{\pi}{2} < y < \dfrac{\pi}{2}$
$y = \operatorname{arccot} x$	$-\infty < x < \infty$	$0 < y < \pi$

Symmetrieeigenschaften der Arkusfunktionen

$$\arcsin x = -\arcsin(-x) \qquad\qquad \arccos x = \pi - \arccos(-x)$$

$$\arctan x = -\arctan(-x) \qquad\qquad \operatorname{arccot} x = \pi - \operatorname{arccot}(-x)$$

Umrechnung von Arkusfunktionen untereinander

$$\arcsin x = \frac{\pi}{2} - \arccos x = \arctan \frac{x}{\sqrt{1-x^2}} \qquad \arccos x = \frac{\pi}{2} - \arcsin x = \operatorname{arccot} \frac{x}{\sqrt{1-x^2}}$$

$$\arctan x = \frac{\pi}{2} - \operatorname{arc cot} x = \arcsin \frac{x}{\sqrt{1+x^2}} \qquad \operatorname{arccot} x = \frac{\pi}{2} - \arctan x = \arccos \frac{x}{\sqrt{1+x^2}}$$

$$\arcsin x = \arccos \sqrt{1-x^2} \quad (0 \leq x \leq 1) \qquad \arccos x = \arcsin \sqrt{1-x^2} \quad (0 \leq x \leq 1)$$

$$\arctan x = \operatorname{arc cot} \frac{1}{x} \quad (x > 0) \qquad\qquad \operatorname{arccot} x = \arctan \frac{1}{x} \quad (x > 0)$$

Additionstheoreme der Arkusfunktionen

$$\arcsin x \pm \arcsin y = \arcsin\left(x\sqrt{1-y^2} \pm y\sqrt{1-x^2} \right) \qquad (x^2 + y^2 \leq 1)$$

$$\arctan x + \arctan y = \arctan \frac{x+y}{1-xy} \qquad (xy < 1)$$

Ganze rationale Funktionen (Polynome)

Funktionen der Gestalt $y = p_n(x) \mid \; \mathbb{C} \to \mathbb{C}$ ($\mathbb{C}$... Körper der komplexen Zahlen) mit

$$p_n(x) = a_n x^n + a_{n-1} x^{n-1} + \ldots + a_1 x + a_0 , \quad a_n \neq 0 , \quad a_i \in \mathbb{C}, \; n \in \mathbb{N}$$

heißen *rationale Funktionen* oder *Polynome n-ten Grades.* Nach dem Fundamentalsatz von Gauß kann jedes Polynom n-ten Grades in der Form (*Produktdarstellung*)

$$p_n(x) = a_n(x - x_1)(x - x_2)\ldots(x - x_{n-1})(x - x_n)$$

dargestellt werden. Die Zahlen x_i sind die reellen oder komplexen Nullstellen des Polynoms. Sind alle Koeffizienten a_i reell, so treten komplexe Nullstellen stets paarweise in konjugiert komplexer Form auf. Die Nullstelle x_i ist p-fache Nullstelle oder Nullstelle der Ordnung p, wenn der Faktor $(x-x_i)$ in der Produktdarstellung p-mal vorkommt. Funktions- und Ableitungswerte von Polynomen berechnet man im

Horner-Schema:

$$b_i := a_{i+1} + ab_{i+1} \quad (i = n-1, \ldots, 0)$$
$$p_n(a) = a_0 + ab_0$$
$$c_i := b_{i+1} + ac_{i+1} \quad (i = n-2, \ldots, 0)$$
$$p_n'(a) = b_0 + ac_0$$

	a_n	a_{n-1}	a_{n-2}	$\ldots$	a_2	a_1	a_0
a	$-$	ab_{n-1}	ab_{n-2}	$\ldots$	ab_2	ab_1	ab_0
	b_{n-1}	b_{n-2}	b_{n-3}	$\ldots$	b_1	b_0	$p_n(a)$
a	$-$	ac_{n-2}	ac_{n-3}	$\ldots$	ac_1	ac_0	
	c_{n-2}	c_{n-3}	c_{n-4}	$\ldots$	c_0	$p_n'(a)$	

Es gilt

$$p_n(x) = p_n(a) + (x - a)(b_{n-1}x^{n-1} + b_{n-2}x^{n-2} + \ldots + b_1 x + b_0) \quad .$$

Vietascher Wurzelsatz

$$x_1 + x_2 + \cdots + x_n = \sum_{i=1}^{n} x_i = -a_1$$
$$x_1 x_2 + x_1 x_3 + \cdots + x_{n-1} x_n = \sum_{\substack{i,j=1 \\ (i<j)}}^{n} x_i x_j = a_2$$
$$x_1 x_2 x_3 + x_1 x_2 x_4 + \cdots + x_{n-2} x_{n-1} x_n = \sum_{\substack{i,j,k=1 \\ (i<j<k)}}^{n} x_i x_j x_k = -a_3$$
$$\vdots \quad \vdots \qquad \vdots \qquad \vdots \quad \vdots$$
$$x_1 x_2 \cdots x_n = \qquad\qquad = (-1)^n a_n$$

Nullstellen des Polynoms $x^2 + px + q = 0$ (*quadratische Gleichung*)

$$4q < p^2 \;\Rightarrow\; x_{1,2} = -\frac{p}{2} \pm \sqrt{\left(\frac{p}{2}\right)^2 - q}$$
$$4q = p^2 \;\Rightarrow\; x_{1,2} = -\frac{p}{2}$$
$$4q > p^2 \;\Rightarrow\; x_{1,2} = -\frac{p}{2} \pm i\sqrt{q - \left(\frac{p}{2}\right)^2}$$

Gebrochen rationale Funktionen, Partialbruchzerlegung

Funktionen der Gestalt $y = r(x)$,

$$r(x) = \frac{a_m x^m + a_{m-1} x^{m-1} + \cdots + a_1 x + a_0}{b_n x^n + b_{n-1} x^{n-1} + \cdots + b_1 x + b_0} \quad \text{mit} \quad a_m \neq 0, \quad b_n \neq 0$$

heißen *gebrochen rationale* Funktionen, und zwar

echt gebrochen, wenn $m < n$ ist,
unecht gebrochen, wenn $m \geq n$ ist.

♦ Eine *unecht* gebrochen rationale Funktion kann durch Polynomdivision auf die Form

$$r(x) = p(x) + s(x)$$

gebracht werden, wobei $p(x)$ ein Polynom ist und $s(x)$ eine *echt* gebrochen rationale Funktion.

Nullstellen von $r(x)$ sind alle Nullstellen des Zählerpolynoms, die keine Nullstellen des Nennerpolynoms sind.

Polstellen von $r(x)$ sind alle Nullstellen des Nennerpolynoms, die keine Nullstellen des Zählerpolynoms sind und alle gemeinsamen Nullstellen von Zähler- und Nennerpolynom, deren Vielfachheit im Zählerpolynom kleiner als ihre Vielfachheit im Nennerpolynom ist.

Lücken von $r(x)$ sind alle gemeinsamen Nullstellen des Zähler- und Nennerpolynoms, deren Vielfachheit im Zählerpolynom größer oder gleich ihrer Vielfachheit im Nennerpolynom ist.

Partialbruchzerlegung echt gebrochen rationaler Funktionen $r(x) = \dfrac{p_m(x)}{q_n(x)}$

Schritt 1: Darstellung des Nennerpolynoms als Produkt von linearen und quadratischen Polynomen mit reellen Koeffizienten, wobei die quadratischen Polynome konjugiert komplexe Nullstellen besitzen:

$$q_n(x) = (x - a)^\alpha (x - b)^\beta \cdots (x^2 + cx + d)^\gamma (x^2 + ex + f)^\delta \cdots$$

Schritt 2: Ansatz

$$r(x) = \frac{A_1}{x-a} + \frac{A_2}{(x-a)^2} + \cdots + \frac{A_\alpha}{(x-a)^\alpha} + \frac{B_1}{x-b} + \frac{B_2}{(x-b)^2} + \cdots + \frac{B_\beta}{(x-b)^\beta} + \cdots$$

$$+ \frac{C_1 x + D_1}{x^2 + cx + d} + \cdots + \frac{C_\gamma x + D_\gamma}{(x^2 + cx + d)^\gamma} + \frac{E_1 x + F_1}{x^2 + ex + f} + \cdots + \frac{E_\delta x + F_\delta}{(x^2 + ex + f)^\delta} + \cdots$$

Schritt 3: Bestimmung der (reellen) Koeffizienten $A_i, B_i, \ldots, F_i$ des Ansatzes

    a) Ansatz auf Hauptnenner bringen
    b) mit Hauptnenner multiplizieren
    c) Einsetzen von $x = a$, $x = b, \ldots$ liefert $A_\alpha, B_\beta, \ldots$
    d) Koeffizientenvergleich liefert lineare Gleichungen für die restlichen unbekannten Koeffizienten.

Spezielle Funktionen

Bernstein-Polynome

Definition:
$$B_i^n(x) := \binom{n}{i} x^i (1-x)^{n-i} \quad (i = 0, \ldots, n\,.$$

im besonderen:

$$n = 0:\ B_0^0(x) \equiv 1$$
$$n = 1:\ B_0^1(x) = 1-x \qquad B_1^1(x) = x$$
$$n = 2:\ B_0^2(x) = (1-x)^2 \quad B_1^2(x) = 2(1-x)x \quad B_2^2(x) = x^2$$
$$n = 3:\ B_0^3(x) = (1-x)^3 \quad B_1^3(x) = 3(1-x)^2 x \quad B_2^3(x) = 3(1-x)x^2 \quad B_3^3(x) = x^3$$

- Rekursionsformel: $B_i^n(x) = (1-x)B_i^{n-1}(x) + xB_{i-1}^{n-1}(x$

- Eigenschaften: $\displaystyle\sum_{i=0}^{n} B_i^n(x) \equiv 1 \qquad\qquad \max_{0 \le x \le 1} B_i^n(x) = B_i^n(\tfrac{i}{n})$

Tschebyscheff-Polynome

Definition: $T_n(x) = \cos(n \arccos x) \qquad \text{für} \quad -1 \le x \le 1$

im besonderen:

$$T_0(x) = 1 \qquad T_1(x) = x \qquad T_2(x) = 2x^2 - 1$$
$$T_3(x) = 4x^3 - 3x \qquad T_4(x) = 8x^4 - 8x^2 + 1 \qquad T_5(x) = 16x^5 - 20x^3 + 5x$$

- Rekursionsformel: $T_{n+1}(x) = 2xT_n(x) - T_{n-1}(x) \qquad \text{für} \quad n = 1, 2, \ldots$

- Eigenschaften: $|T_n(x)| \le 1 \qquad \text{für} \quad -1 \le x \le 1$

$$\int_{-1}^{1} \frac{T_m(x)T_n(x)}{\sqrt{1-x^2}}\, dx = \begin{cases} 0 & \text{für} \quad m \ne n \\ \dfrac{\pi}{2} & \text{für} \quad m = n \ne 0 \\ \pi & \text{für} \quad m = n = 0 \end{cases} \qquad \text{(Orthogonalität)}$$

Gammafunktion

Definition: $\displaystyle\Gamma(x) := \lim_{n \to \infty} \frac{n!\, n^{x-1}}{x(x+1)\cdots(x+n-1)} \qquad \text{für} \quad x \ne 0, -1, -2, \ldots$

- Es gilt für $x > 0$: $\displaystyle\Gamma(x) = \int_{0}^{\infty} e^{-t} t^{x-1}\, dt\,.$

- Eigenschaften: $\Gamma(x+1) = x\Gamma(x) \quad \text{für} \quad x \ne 0, -1, -2, \ldots$

$$\Gamma(x)\Gamma(1-x) = \frac{\pi}{\sin(\pi x)} \quad \text{für} \quad x \ne 0, \pm 1, \pm 2, \ldots$$

- Spezielle Funktionswerte

$$\Gamma(-\tfrac{1}{2}) = -2\sqrt{\pi} \qquad \Gamma(\tfrac{1}{2}) = \sqrt{\pi} \qquad \Gamma(1) = 1 \qquad \Gamma(n+1) = n! \ \text{ für } n \in \mathbb{N}$$

Determinanten

Die *Determinante* D einer quadratischen (n,n)-Matrix $\mathbf{A}$ ist die rekursiv definierte Zahl

$$D = \det \mathbf{A} = \begin{vmatrix} a_{11} & \cdots & a_{1n} \\ \vdots & \ddots & \vdots \\ a_{n1} & \cdots & a_{nn} \end{vmatrix} = a_{i1}(-1)^{i+1}\det \mathbf{A}_{i1} + \cdots + a_{in}(-1)^{i+n}\det \mathbf{A}_{in} \; ,$$

wobei $\mathbf{A}_{ik}$ die durch Streichen der i-ten Zeile und k-ten Spalte aus $\mathbf{A}$ gebildete Matrix ist. Die Determinante einer $(1,1)$-Matrix ist gleich dem Wert ihres einzigen Elementes. Die Berechnung einer Determinante gemäß dieser Definition wird *Entwicklung* nach der i-ten Zeile genannt.

- Der gleiche Wert D ergibt sich durch Entwicklung nach der k-ten Spalte:

$$D = \det \mathbf{A} = \begin{vmatrix} a_{11} & \cdots & a_{1n} \\ \vdots & \ddots & \vdots \\ a_{n1} & \cdots & a_{nn} \end{vmatrix} = a_{1k}(-1)^{1+k}\det \mathbf{A}_{1k} + \cdots + a_{nk}(-1)^{n+k}\det \mathbf{A}_{nk} \; .$$

- Die Entwicklung nach beliebiger Zeile oder Spalte ergibt den gleichen Wert D.

- Spezialfälle (*Regel von Sarrus*):

$$\begin{vmatrix} a_{11} & a_{12} \\ a_{21} & a_{22} \end{vmatrix} = a_{11}a_{22} - a_{12}a_{21} \qquad \cdots \qquad \text{zweireihige Determinante}$$

$$\begin{vmatrix} a_{11} & a_{12} & a_{13} \\ a_{21} & a_{22} & a_{23} \\ a_{31} & a_{32} & a_{33} \end{vmatrix} = \begin{array}{l} a_{11}a_{22}a_{33} + a_{12}a_{23}a_{31} + a_{13}a_{21}a_{32} \\ -a_{13}a_{22}a_{31} - a_{11}a_{23}a_{32} - a_{12}a_{21}a_{33} \end{array} \qquad \cdots \qquad \text{dreireihige Determinante}$$

Eigenschaften und Rechengesetze für n-reihige Determinanten

- Eine Determinante wechselt ihr Vorzeichen, wenn man zwei Zeilen oder zwei Spalten miteinander vertauscht.

- Sind zwei Zeilen (Spalten) einer Determinante einander gleich, hat sie den Wert Null.

- Addiert man das Vielfache einer Zeile (Spalte) zu einer anderen Zeile (Spalte), so ändert sich der Wert der Determinante nicht.

- Multipliziert man eine Zeile (Spalte) mit einer Zahl, so multipliziert sich der Wert der Determinante mit dieser Zahl.

- $$\det \mathbf{A} = \det \mathbf{A}^{\mathrm{T}} \qquad \det(\mathbf{AB}) = \det \mathbf{A} \cdot \det \mathbf{B} \qquad \det(\lambda \mathbf{A}) = \lambda^{n}\det \mathbf{A}$$

$$\bullet \quad \begin{vmatrix} a_{11} & \cdots & a_{1n} \\ \vdots & & \vdots \\ a_{i1}+b_{i1} & \cdots & a_{in}+b_{in} \\ \vdots & & \vdots \\ a_{n1} & \cdots & a_{nn} \end{vmatrix} = \begin{vmatrix} a_{11} & \cdots & a_{1n} \\ \vdots & & \vdots \\ a_{i1} & \cdots & a_{in} \\ \vdots & & \vdots \\ a_{n1} & \cdots & a_{nn} \end{vmatrix} + \begin{vmatrix} a_{11} & \cdots & a_{1n} \\ \vdots & & \vdots \\ b_{i1} & \cdots & b_{in} \\ \vdots & & \vdots \\ a_{n1} & \cdots & a_{nn} \end{vmatrix}$$

Vektoren

Ein *Vektor* ist im Raum $\mathbb{R}^3$ mit einem festen Koordinatensystem eindeutig durch drei Komponenten beschreibbar.

$$\mathbf{a} = \begin{pmatrix} a_x \\ a_y \\ a_z \end{pmatrix} = \begin{pmatrix} q_x - p_x \\ q_y - p_y \\ q_z - p_z \end{pmatrix}$$

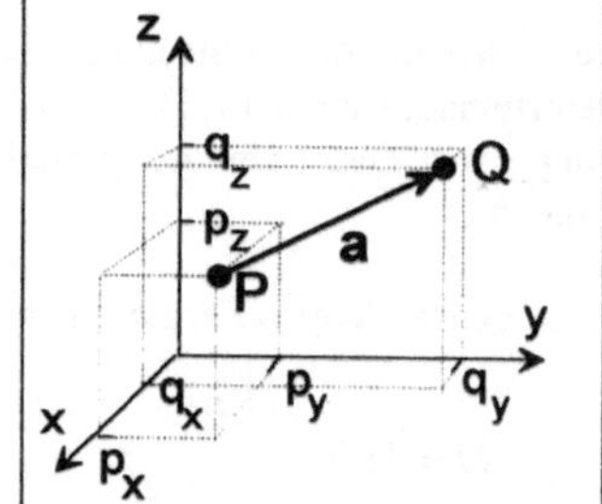

Koordinateneinheitsvektoren:

$$\mathbf{e}_x = \begin{pmatrix} 1 \\ 0 \\ 0 \end{pmatrix}, \quad \mathbf{e}_y = \begin{pmatrix} 0 \\ 1 \\ 0 \end{pmatrix}, \quad \mathbf{e}_z = \begin{pmatrix} 0 \\ 0 \\ 1 \end{pmatrix}$$

- Ein Vektor kann als ein durch Länge, Richtung und Orientierung definiertes Objekt interpretiert werden.

Der Raum $\mathbb{R}^n$ ist der Raum der n-dimensionalen Vektoren $\quad \mathbf{a} = \begin{pmatrix} a_1 \\ \vdots \\ a_n \end{pmatrix} = a_1\mathbf{e}_1 + \cdots + a_n\mathbf{e}_n$.

Koordinateneinheitsvektoren:

$$\mathbf{e}_1 = \begin{pmatrix} 1 \\ 0 \\ \vdots \\ 0 \end{pmatrix}, \quad \mathbf{e}_2 = \begin{pmatrix} 0 \\ 1 \\ \vdots \\ 0 \end{pmatrix}, \quad \cdots, \quad \mathbf{e}_n = \begin{pmatrix} 0 \\ 0 \\ \vdots \\ 1 \end{pmatrix}$$

Rechenoperationen

Produkt mit reeller Zahl: $\quad \lambda\mathbf{a} = \lambda \begin{pmatrix} a_1 \\ \vdots \\ a_n \end{pmatrix} = \begin{pmatrix} \lambda a_1 \\ \vdots \\ \lambda a_n \end{pmatrix}$

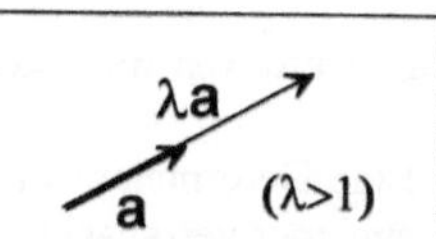

Addition: $\quad \mathbf{a} + \mathbf{b} = \begin{pmatrix} a_1 \\ \vdots \\ a_n \end{pmatrix} + \begin{pmatrix} b_1 \\ \vdots \\ b_n \end{pmatrix} = \begin{pmatrix} a_1+b_1 \\ \vdots \\ a_n+b_n \end{pmatrix}$

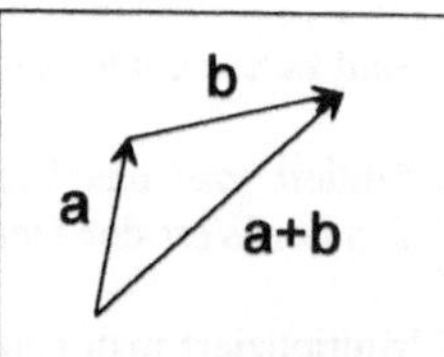

Skalarprodukt: $\quad \mathbf{a} \cdot \mathbf{b} = \begin{pmatrix} a_1 \\ \vdots \\ a_n \end{pmatrix} \cdot \begin{pmatrix} b_1 \\ \vdots \\ b_n \end{pmatrix} = \sum_{i=1}^{n} a_i b_i$

andere Schreibweise: $\quad \mathbf{a} \cdot \mathbf{b} = \mathbf{a}^T\mathbf{b} \quad$ mit $\quad \mathbf{a}^T = (a_1, \ldots, a_n)$

Betrag: $\quad |\mathbf{a}| := \sqrt{\mathbf{a}^T \mathbf{a}} = \sqrt{\sum\limits_{i=1}^{n} a_i^2}$ $\qquad$ Für $n = 2, 3$ ist $|\mathbf{a}|$ die Länge des Vektors $\mathbf{a}$.

Rechenregeln und Eigenschaften von Skalarprodukt und Betrag (λ reelle Zahl)

$$\mathbf{a}^T\mathbf{b} = \mathbf{b}^T\mathbf{a} \qquad \mathbf{a}^T(\lambda\mathbf{b}) = \lambda\,\mathbf{a}^T\mathbf{b} \qquad \mathbf{a}^T(\mathbf{b}+\mathbf{c}) = \mathbf{a}^T\mathbf{b} + \mathbf{a}^T\mathbf{c} \qquad |\lambda\mathbf{a}| = |\lambda|\,|\mathbf{a}|$$

$$\mathbf{a}^T\mathbf{b} = |\mathbf{a}| \cdot |\mathbf{b}| \cdot \cos\varphi \quad (\mathbf{a}, \mathbf{b} \in \mathbb{R}^2, \mathbb{R}^3)$$

$$|\mathbf{a}+\mathbf{b}| \le |\mathbf{a}| + |\mathbf{b}| \quad (\textit{Dreiecksungleichung})$$
$$|\mathbf{a}^T\mathbf{b}| \le |\mathbf{a}|\,|\mathbf{b}| \quad (\textit{Cauchy-Schwarzsche Ungleichung})$$

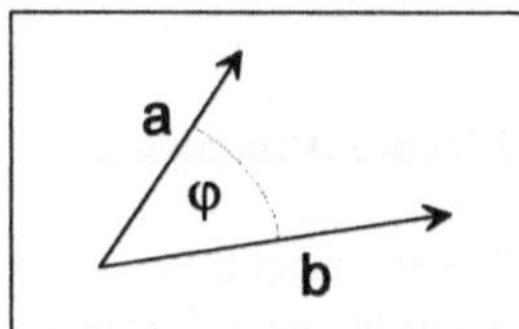

Vektorprodukt (nur für Vektoren des $\mathbb{R}^3$)

$$\mathbf{a} \times \mathbf{b} = \begin{pmatrix} a_x \\ a_y \\ a_z \end{pmatrix} \times \begin{pmatrix} b_x \\ b_y \\ b_z \end{pmatrix} := \begin{vmatrix} a_y & a_z \\ b_y & b_z \end{vmatrix} \mathbf{e}_x - \begin{vmatrix} a_x & a_z \\ b_x & b_z \end{vmatrix} \mathbf{e}_y + \begin{vmatrix} a_x & a_y \\ b_x & b_y \end{vmatrix} \mathbf{e}_z$$

symbolische Schreibweise (man entwickle die Determinante nach der ersten Zeile):

$$\mathbf{a} \times \mathbf{b} = \begin{vmatrix} \mathbf{e}_x & \mathbf{e}_y & \mathbf{e}_z \\ a_x & a_y & a_z \\ b_x & b_y & b_z \end{vmatrix}$$

Rechenregeln ($\mathbf{a}, \mathbf{b}, \mathbf{c} \in \mathbb{R}^3$)

$$\mathbf{a} \times \mathbf{b} = -\mathbf{b} \times \mathbf{a} \qquad\qquad \mathbf{a} \times \mathbf{a} = 0 \qquad\qquad (\lambda\mathbf{a}) \times \mathbf{b} = \lambda(\mathbf{a} \times \mathbf{b})$$

$$(\mathbf{a}+\mathbf{b}) \times \mathbf{c} = \mathbf{a} \times \mathbf{c} + \mathbf{b} \times \mathbf{c} \qquad (\mathbf{a} \times \mathbf{b}) \times \mathbf{c} = (\mathbf{a} \cdot \mathbf{c})\mathbf{b} - (\mathbf{b} \cdot \mathbf{c})\mathbf{a} \quad (\textit{Zerlegungssatz})$$

$$|\mathbf{a} \times \mathbf{b}| = |\mathbf{a}| \cdot |\mathbf{b}| \cdot \sin\varphi \quad \text{mit } \varphi = \sphericalangle\, \mathbf{a}, \mathbf{b}, \quad 0 \le \varphi \le \pi$$

$$(\mathbf{a} \times \mathbf{b}) \cdot \mathbf{a} = 0 \qquad\qquad (\mathbf{a} \times \mathbf{b}) \cdot \mathbf{b} = 0$$

- Der Vektor $\mathbf{a} \times \mathbf{b}$ steht senkrecht (orthogonal) zu $\mathbf{a}$ und zu $\mathbf{b}$.

- Die Vektoren $\mathbf{a}, \mathbf{b}, \mathbf{a} \times \mathbf{b}$ bilden ein *Rechtssystem*, d.h., wenn $\mathbf{a}$ zu $\mathbf{b}$ gedreht wird, zeigt $\mathbf{a} \times \mathbf{b}$ in Richtung der Rechtsschraube.

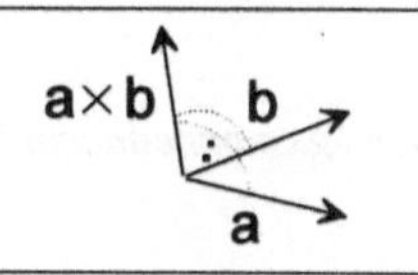

- $|\mathbf{a} \times \mathbf{b}|$ ist der Flächeninhalt A des durch die Vektoren $\mathbf{a}$ und $\mathbf{b}$ aufgespannten Parallelogramms.

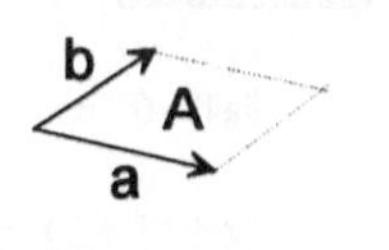

Spatprodukt (nur für Vektoren des $\mathbb{R}^3$): $\qquad (\mathbf{abc}) := (\mathbf{a} \times \mathbf{b}) \cdot \mathbf{c}$

- Das Volumen V des durch die Vektoren $\mathbf{a}, \mathbf{b}, \mathbf{c}$ aufgespannten Spates (Parallelepipeds) ist

$$V = |(\mathbf{abc})| \, .$$

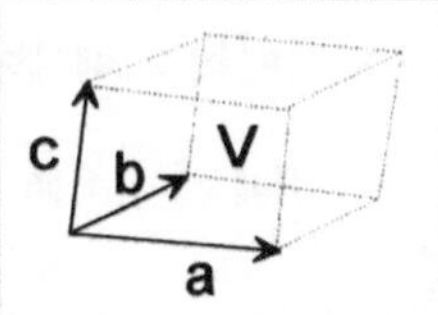

• Das Volumen V des durch die Vektoren **a**,**b**,**c** aufgespannten *Tetraeders* ist gleich $\frac{1}{6}|(\mathbf{abc})|$.

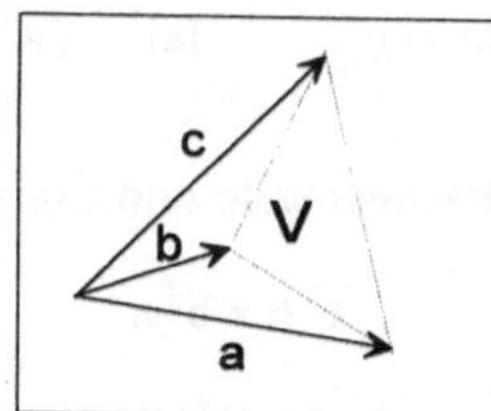

Berechnung: $(\mathbf{abc}) = \begin{vmatrix} a_x & a_y & a_z \\ b_x & b_y & b_z \\ c_x & c_y & c_z \end{vmatrix}$

Lineare Abhängigkeit

Die m Vektoren $\mathbf{a}_1, \ldots, \mathbf{a}_m \in \mathbb{R}^n$ heißen *linear abhängig*, wenn es Zahlen $\lambda_1, \ldots, \lambda_m$ gibt, die nicht alle gleichzeitig Null sind, so daß

$$\lambda_1 \mathbf{a}_1 + \cdots + \lambda_m \mathbf{a}_m = 0$$

gilt. Andernfalls heißen die Vektoren $\mathbf{a}_1, \ldots, \mathbf{a}_m$ *linear unabhängig*.

• Die Maximalzahl linear unabhängiger Vektoren im $\mathbb{R}^n$ ist n.

• Sind die Vektoren $\mathbf{a}_1, \ldots, \mathbf{a}_n \in \mathbb{R}^n$ linear unabhängig, so bilden sie eine *Basis* des $\mathbb{R}^n$, d.h., jeder Vektor $\mathbf{a} \in \mathbb{R}^n$ läßt sich eindeutig darstellen als

$$\mathbf{a} = \lambda_1 \mathbf{a}_1 + \cdots + \lambda_n \mathbf{a}_n \ .$$

Vektornormen

Euklidische Norm (Betrag, im $\mathbb{R}^3$ Länge): $\|\mathbf{a}\|_2 := |\mathbf{a}| = \sqrt{\sum_{i=1}^{n} a_i^2}$

Maximumnorm: $\|\mathbf{a}\|_\infty := \max_{i=1,\ldots,n} |a_i|$

Betragssummennorm: $\|\mathbf{a}\|_1 := \sum_{i=1}^{n} |a_i|$

Eigenschaften

$\|\mathbf{a}\| = 0 \Leftrightarrow \mathbf{a} = 0$ $\|\mathbf{a}\| \geq 0$ $\|\lambda \mathbf{a}\| = |\lambda|\, \|\mathbf{a}\|$ (λ reelle Zahl)

$\|\mathbf{a} + \mathbf{b}\| \leq \|\mathbf{a}\| + \|\mathbf{b}\|$ (*Dreiecksungleichung*)

$|\mathbf{a}^T \mathbf{b}| \leq \|\mathbf{a}\|_2 \|\mathbf{b}\|_2$ (*Cauchy-Schwarzsche Ungleichung*)

$\big| \|\mathbf{a}\| - \|\mathbf{b}\| \big| \leq \|\mathbf{a} - \mathbf{b}\|$

Matrizen

Eine (m,n)-*Matrix* $\mathbf{A}$ ist ein Schema von $m \cdot n$ reellen oder komplexen Zahlen (*Elemente*) a_{ij} ($i=1,\dots,m; j=1,\dots,n$):

$$\mathbf{A} = \begin{pmatrix} a_{11} & \cdots & a_{1n} \\ \vdots & \ddots & \vdots \\ a_{m1} & \cdots & a_{mn} \end{pmatrix} = (a_{ij}), \quad \text{Bezeichnungen:} \quad \begin{array}{ll} i & \dots \text{ Zeilenindex} \\ j & \dots \text{ Spaltenindex} \\ a_{ij} = (\mathbf{A})_{ij} & \dots \text{ Element} \\ (m, 1) - \text{Matrix} & \cdots \text{ Vektor} \end{array}$$

◆ Der *Zeilenrang* von $\mathbf{A}$ ist die Maximalzahl linear unabhängiger Zeilenvektoren, der *Spaltenrang* die Maximalzahl linear unabhängiger Spaltenvektoren.

◆ Es gilt: Zeilenrang = Spaltenrang. Also : rang($\mathbf{A}$):= Zeilenrang = Spaltenrang .

Rechenoperationen

Identität:	$\mathbf{A} = \mathbf{B}$ wenn $a_{ij} = b_{ij} \; \forall \; i,j$
Produkt mit reeller Zahl λ:	$\lambda\mathbf{A} := (\lambda a_{ij})$
Addition:	$\mathbf{A} + \mathbf{B} := (a_{ij} + b_{ij})$
Subtraktion:	$\mathbf{A} - \mathbf{B} := (a_{ij} - b_{ij})$
Transponieren:	$\mathbf{A}^T = (a_{ij})^T := (a_{ji})$
Konjugieren:	$\overline{\mathbf{A}} = \overline{(a_{ij})} := (\overline{a}_{ij})$
Adjungieren:	$\mathbf{A}^* := \overline{\mathbf{A}}^T$
Multiplikation:	$\mathbf{AB} = (a_{ir}) \cdot (b_{rj}) := \left(\sum\limits_{r=1}^{p} a_{ir} b_{rj} \right)$

    Voraussetzung: $\mathbf{A}$ ist (m,p)-Matrix und $\mathbf{B}$ ist (p,n)-Matrix
    Ergebnis: $\mathbf{AB}$ ist (m,n)-Matrix

Rechenregeln

$\mathbf{A} + \mathbf{B} = \mathbf{B} + \mathbf{A}$	$(\mathbf{A} + \mathbf{B}) + \mathbf{C} = \mathbf{A} + (\mathbf{B} + \mathbf{C})$	$(\lambda + \mu)\mathbf{A} = \lambda\mathbf{A} + \mu\mathbf{A}$
$(\mathbf{AB})\mathbf{C} = \mathbf{A}(\mathbf{BC})$	$(\mathbf{A} + \mathbf{B})\mathbf{C} = \mathbf{AC} + \mathbf{BC}$	$(\lambda\mathbf{A})\mathbf{B} = \lambda(\mathbf{AB}) = \mathbf{A}(\lambda\mathbf{B})$
$(\mathbf{A}^T)^T = \mathbf{A}$	$(\mathbf{A} + \mathbf{B})^T = \mathbf{A}^T + \mathbf{B}^T$	$(\lambda\mathbf{A})^T = \lambda\mathbf{A}^T$
$(\mathbf{AB})^T = \mathbf{B}^T\mathbf{A}^T$		

Spezielle Matrizen

quadratische Matrix:	gleiche Anzahl von Zeilen und Spalten
Einheitsmatrix **E**:	quadratische Matrix mit $e_{ii} = 1$, $e_{ij} = 0$ für $i \neq j$
Diagonalmatrix **D**:	quadratische Matrix mit $d_{ij} = 0$ für $i \neq j$ Bezeichnung: $\mathbf{D} = \mathrm{diag}(d_i)$ mit $d_i := d_{ii}$
symmetrische Matrix:	reelle quadratische Matrix mit $\mathbf{A}^T = \mathbf{A}$
Hermitesche Matrix:	komplexe quadratische Matrix mit $\mathbf{A}^* = \mathbf{A}$
reguläre Matrix:	quadratische Matrix mit $\det \mathbf{A} \neq 0$
singuläre Matrix:	quadratische Matrix mit $\det \mathbf{A} = 0$
zu **A** *inverse* Matrix:	Matrix $\mathbf{A}^{-1}$ mit $\mathbf{A}\mathbf{A}^{-1} = \mathbf{E}$
orthogonale Matrix:	reguläre reelle Matrix mit $\mathbf{A}\mathbf{A}^T = \mathbf{E}$
unitäre Matrix:	reguläre komplexe Matrix mit $\mathbf{A}\mathbf{A}^* = \mathbf{E}$
positiv definite reelle Matrix:	symmetrische Matrix mit $\mathbf{x}^T\mathbf{A}\mathbf{x} > 0 \; \forall \, \mathbf{x} \neq \mathbf{0}, \, \mathbf{x} \in \mathbb{R}^n$
" " komplexe Matrix:	Hermitesche Matrix mit $\mathbf{x}^*\mathbf{A}\mathbf{x} > 0 \; \forall \, \mathbf{x} \neq \mathbf{0}, \, \mathbf{x} \in \mathbb{C}^n$
positiv semidefinite reelle Matrix:	symmetrische Matrix mit $\mathbf{x}^T\mathbf{A}\mathbf{x} \geq 0 \; \forall \, \mathbf{x} \in \mathbb{R}^n$
" " komplexe Matrix:	Hermitesche Matrix mit $\mathbf{x}^*\mathbf{A}\mathbf{x} \geq 0 \; \forall \, \mathbf{x} \in \mathbb{C}^n$
negativ definite reelle Matrix:	symmetrische Matrix mit $\mathbf{x}^T\mathbf{A}\mathbf{x} < 0 \; \forall \, \mathbf{x} \neq \mathbf{0}, \, \mathbf{x} \in \mathbb{R}^n$
" *semidefinite* reelle Matrix:	symmetrische Matrix mit $\mathbf{x}^T\mathbf{A}\mathbf{x} \leq 0 \; \forall \, \mathbf{x} \in \mathbb{R}^n$

Rechenregeln und Eigenschaften spezieller regulärer quadratischer Matrizen

$\mathbf{E}^T = \mathbf{E}$	$\det \mathbf{E} = 1$	$\mathbf{E}^{-1} = \mathbf{E}$
$\mathbf{A}\mathbf{E} = \mathbf{E}\mathbf{A} = \mathbf{A}$	$\mathbf{A}^{-1}\mathbf{A} = \mathbf{E}$	$(\mathbf{A}^{-1})^{-1} = \mathbf{A}$
$(\mathbf{A}^{-1})^T = (\mathbf{A}^T)^{-1}$	$(\mathbf{A}\mathbf{B})^{-1} = \mathbf{B}^{-1}\mathbf{A}^{-1}$	$\det(\mathbf{A}^{-1}) = \dfrac{1}{\det \mathbf{A}}$

$$\mathbf{A}^{-1} = \frac{1}{\det \mathbf{A}} \begin{pmatrix} (-1)^{1+1}\det \mathbf{A}_{11} & \cdots & (-1)^{1+n}\det \mathbf{A}_{n1} \\ \vdots & \ddots & \vdots \\ (-1)^{n+1}\det \mathbf{A}_{1n} & \cdots & (-1)^{n+n}\det \mathbf{A}_{nn} \end{pmatrix}$$

Dabei ist $\mathbf{A}_{ik}$ die aus **A** durch Streichen der i-ten Zeile und k-ten Spalte gebildete Teilmatrix

Lineare Gleichungssysteme

Das lineare Gleichungssystem

$$\mathbf{A}\mathbf{x} = \mathbf{b} \qquad \text{in Komponenten:} \qquad \begin{matrix} a_{11}x_1+ \cdots +a_{1n}x_n &=& b_1 \\ \vdots & & \vdots \\ a_{n1}x_1+ \cdots +a_{nn}x_n &=& b_n \end{matrix}$$

heißt

homogen, wenn $\mathbf{b} = 0$, in Komponenten: wenn $b_i = 0$ für alle $i = 1,\ldots,n$,

inhomogen, wenn $\mathbf{b} \neq 0$, in Komponenten: wenn $b_i \neq 0$ für wenigstens ein $i = 1,\ldots,n$.

Existenz von Lösungen

* Das inhomogene Gleichungssystem $\mathbf{A}\mathbf{x} = \mathbf{b}$ ist genau dann eindeutig lösbar, wenn $\det \mathbf{A} \neq 0$.

* Das inhomogene Gleichungssystem $\mathbf{A}\mathbf{x} = \mathbf{b}$ mit $\det \mathbf{A} = 0$ ist genau dann lösbar, wenn $\mathrm{rang}(\mathbf{A}) = \mathrm{rang}(\mathbf{A}, \mathbf{b})$ gilt.

* Das homogene Gleichungssystem $\mathbf{A}\mathbf{x} = 0$ hat stets die triviale Lösung $\mathbf{x} = 0$.

* Das homogene Gleichungssystem $\mathbf{A}\mathbf{x} = 0$ hat genau dann nicht triviale Lösungen, wenn $\det \mathbf{A} = 0$.

* Effektive Lösung linearer Gleichungssysteme ▶ Numerische Methoden, Gauß-Algorithmus

Cramersche Regel

Ist $\mathbf{A}$ eine reguläre Matrix, so lautet die Lösung des inhomogenen Gleichungssystems $\mathbf{A}\mathbf{x} = \mathbf{b}$ in Komponenten:

$$x_k = \frac{\det \mathbf{A}_k}{\det \mathbf{A}} \quad \text{mit} \quad \mathbf{A}_k := \begin{pmatrix} a_{11} & \cdots & a_{1,k-1} & b_1 & a_{1,k+1} & \cdots & a_{1n} \\ \vdots & & \vdots & \vdots & \vdots & & \vdots \\ a_{n1} & \cdots & a_{n,k-1} & b_n & a_{n,k+1} & \cdots & a_{nn} \end{pmatrix}, \quad k = 1,\ldots,n .$$

Spezialfall $n = 2$:
$$\boxed{\begin{matrix} ax + by = e \\ cx + dy = f \end{matrix}} \quad \text{mit} \quad |a| + |b| + |c| + |d| \neq 0$$

1. $ad \neq bc \qquad \rightarrow$ Lösung: $x = \dfrac{de - bf}{ad - bc}$, $\quad y = \dfrac{af - ce}{ad - bc}$

2. $ad = bc$ und $af = ce$ und $bf = de$

$$\begin{array}{llll} a \neq 0 & \rightarrow \text{Lösung:} & x = \frac{e}{a} - \frac{b}{a}\lambda , & y = \lambda , & -\infty < \lambda < \infty \\[2mm] b \neq 0 & \rightarrow \text{Lösung:} & x = \lambda , & y = \frac{e}{b} - \frac{a}{b}\lambda , & -\infty < \lambda < \infty \\[2mm] c \neq 0 & \rightarrow \text{Lösung:} & x = \frac{f}{c} - \frac{d}{c}\lambda , & y = \lambda , & -\infty < \lambda < \infty \\[2mm] d \neq 0 & \rightarrow \text{Lösung:} & x = \lambda , & y = \frac{f}{d} - \frac{c}{d}\lambda , & -\infty < \lambda < \infty \end{array}$$

3. sonst (weder 1. noch 2.): Gleichungssystem hat keine Lösung.

Eigenwertaufgaben bei Matrizen

Eine Zahl $\lambda \in \mathbb{C}$ heißt *Eigenwert* der quadratischen (n,n)-Matrix $\mathbf{A}$, wenn es einen Vektor $\mathbf{r} \neq \mathbf{0}$ gibt, für den gilt:

$$\mathbf{Ar} = \lambda\mathbf{r}\,, \qquad \text{in Komponenten:} \qquad \begin{matrix} a_{11}r_1 + \cdots + a_{1n}r_n = \lambda r_1 \\ \vdots \qquad\qquad \vdots \qquad \vdots \\ a_{n1}r_1 + \cdots + a_{nn}r_n = \lambda r_n \end{matrix}$$

Ein zum Eigenwert λ gehöriger Vektor $\mathbf{r}$ mit dieser Eigenschaft heißt *Eigenvektor* von $\mathbf{A}$.

♦ Sind $\mathbf{r}_1, \ldots, \mathbf{r}_k$ zum Eigenwert λ gehörige Eigenvektoren, so ist auch

$$\mathbf{r} := \alpha_1\mathbf{r}_1 + \cdots + \alpha_k\mathbf{r}_k$$

ein zum Eigenwert λ gehöriger Eigenvektor, falls nicht alle α_i verschwinden.

♦ Eine Zahl λ ist genau dann Eigenwert der Matrix $\mathbf{A}$, wenn gilt:

$$p_n(\lambda) := \det(\mathbf{A} - \lambda\mathbf{E}) = 0\,.$$

$p_n(\lambda)$ ist ein Polynom n-ten Grades, genannt *charakteristisches Polynom* der Matrix $\mathbf{A}$. Die Vielfachheit der Nullstelle λ des charakteristischen Polynoms heißt *algebraische Vielfachheit* des Eigenwertes λ.

♦ Die Anzahl der zum Eigenwert λ gehörenden linear unabhängigen Eigenvektoren ist

$$n - \mathrm{rang}(\mathbf{A} - \lambda\mathbf{E})\,.$$

und heißt *geometrische Vielfachheit* des Eigenwertes λ. Sie ist nicht größer als die algebraische Vielfachheit des Eigenwertes λ.

♦ Sind λ_j $(j = 1, \ldots, k)$ paarweise voneinander verschiedene Eigenwerte und $\mathbf{r}_j$ $(j = 1, \ldots, k)$ zugehörige Eigenvektoren, so ist das System der Eigenvektoren $\{\mathbf{r}_1, \ldots, \mathbf{r}_k\}$ linear unabhängig.

♦ Die Matrizen $\mathbf{A}$ und $\mathbf{A}^{\mathrm{T}}$ haben die gleichen Eigenwerte.

♦ Die zu verschiedenen Eigenwerten gehörigen Eigenvektoren der Matrizen $\mathbf{A}$ und $\mathbf{A}^{\mathrm{T}}$ sind zueinander orthogonal.

♦ Eine (n,n)-Diagonalmatrix $\mathbf{D} = \mathrm{diag}(d_j)$ hat die n Eigenwerte $\lambda_j = d_j$ $(j = 1, \ldots, n)$. Ein zum Eigenwert $\lambda_j = d_j$ gehöriger Eigenvektor ist der j-te Einheitsvektor:

$$\mathbf{r}_j = \mathbf{e}_j, \qquad \text{mit} \qquad \mathbf{e}_j = \begin{pmatrix} 0 \\ \vdots \\ 1 \\ \vdots \\ 0 \end{pmatrix} \leftarrow \text{Position } j\,.$$

Ähnliche Matrizen

Die durch

$$\mathbf{B} := \mathbf{C}^{-1}\mathbf{A}\mathbf{C}$$

beschriebene Matrizenoperation $\mathbf{A} \to \mathbf{B}$ heißt *Ähnlichkeitstransformation*. Zwei durch eine Ähnlichkeitstransformation verknüpfte Matrizen heißen *ähnliche* Matrizen.

◆ Ähnliche Matrizen haben die gleichen Eigenwerte.

◆ Ähnliche Matrizen haben zu gleichen Eigenwerten die gleiche Anzahl linear unabhängiger Eigenvektoren.

Diagonalähnliche Matrizen

Eine zu einer Diagonalmatrix ähnliche Matrix heißt *diagonalähnlich*.

◆ Eine (n,n)-Matrix ist genau dann diagonalähnlich, wenn sie n linear unabhängige Eigenvektoren hat.

◆ Zu jeder diagonalähnlichen (n,n)-Matrix $\mathbf{A}$ läßt sich ein linear unabhängiges System von Eigenvektoren $\mathbf{r}_1,\dots,\mathbf{r}_n$ von $\mathbf{A}$ und ein ebensolches System $\mathbf{t}_1,\dots,\mathbf{t}_n$ von Eigenvektoren von $\mathbf{A}^{\mathrm{T}}$ angeben, so daß $\mathbf{r}_j^{\mathrm{T}}\mathbf{t}_k = \delta_{jk}$ $(j = 1,\dots,n; k = 1,\dots,n)$ gilt. Die spalten- bzw. zeilenweise aus solchen Eigenvektoren $\mathbf{r}_j$ bzw. $\mathbf{t}_k$ aufgebauten Matrizen $\mathbf{R}$ und $\mathbf{T}$ vermitteln die Ähnlichkeitstransformation von $\mathbf{A}$ auf Diagonalform, d.h., es gelten

$$\mathbf{TAR} = \mathrm{diag}(\lambda_i), \qquad \mathbf{T} = \mathbf{R}^{-1}, \qquad \mathbf{A}\mathbf{r}_i = \lambda_i\mathbf{r}_i, \qquad \mathbf{A}^{\mathrm{T}}\mathbf{t}_i = \lambda_i\mathbf{t}_i \ .$$

Falls $\mathbf{A}$ nur reelle Eigenwerte hat, kann $\mathbf{T}$ reell gewählt werden, $\mathbf{R}$ ist dann auch reell.

Symmetrische Matrizen

◆ Die Eigenwerte einer reellen symmetrischen Matrix sind stets reell. Jeder ihrer Eigenvektoren kann in reeller Form dargestellt werden. Zu verschiedenen Eigenwerten gehörige Eigenvektoren sind zueinander orthogonal.

◆ Eine reelle symmetrische Matrix ist diagonalähnlich.

◆ Jede reelle symmetrische (n,n)-Matrix besitzt n paarweise orthogonale Eigenvektoren und kann durch eine Ähnlichkeitstransformation mit einer reellen orthogonalen Matrix $\mathbf{C}$ auf Diagonalform gebracht werden.

◆ Eine reelle symmetrische Matrix ist genau dann positiv definit (positiv semidefinit), wenn ihre sämtlichen Eigenwerte positiv (nicht negativ) sind.

◆ Der Ausdruck $R(\mathbf{x}) := \dfrac{\mathbf{x}^{\mathrm{T}}\mathbf{A}\mathbf{x}}{\mathbf{x}^{\mathrm{T}}\mathbf{x}}$ heißt *Rayleigh-Quotient*. Der kleinste Eigenwert $\lambda_{\min}$ einer reellen symmetrischen (n,n)-Matrix $\mathbf{A}$ ist das Minimum, der größte Eigenwert $\lambda_{\max}$ das Maximum des Rayleigh-Quotienten $R(\mathbf{x})$. Dieses Minimum bzw. Maximum nimmt der Rayleigh-Quotient für jeden zum kleinsten Eigenwert gehörigen Eigenvektor $\mathbf{r}_{min}$ bzw. zum größten Eigenwert gehörigen Eigenvektor $\mathbf{r}_{max}$ an, d.h., es gilt für alle reellen Vektoren $\mathbf{x}$:

$$\lambda_{min} = \min_{\mathbf{u} \in R^n} R(\mathbf{u}) = R(\mathbf{r}_{min}) \le R(\mathbf{x}) \le R(\mathbf{r}_{max}) = \max_{\mathbf{u} \in R^n} R(\mathbf{u}) = \lambda_{max} \quad .$$

Jordansche Normalform

Zu jeder reellen (n,n)-Matrix $\mathbf{A}$ gibt es eine reguläre, i. allg. komplexe (n,n)-Matrix $\mathbf{C}$, die die Ähnlichkeitstransformation

$$\mathbf{C}^{-1}\mathbf{A}\mathbf{C} = \mathbf{J} = \begin{pmatrix} \mathbf{J}(\lambda_1, n_1) & & \\ & \ddots & \\ & & \mathbf{J}(\lambda_s, n_s) \end{pmatrix} \quad \text{mit} \quad \mathbf{J}(\lambda_j, n_j) = \begin{pmatrix} \lambda_j & 1 & & \\ & \ddots & \ddots & \\ & & \lambda_j & 1 \\ & & & \lambda_j \end{pmatrix}$$

vermittelt, wobei die Diagonalblöcke $\mathbf{J}(\lambda_j, n_j)$ der Matrix $\mathbf{J}$ Matrizen vom Typ (n_j, n_j) sind. Dabei gilt $n_1 + \cdots + n_s = n$, und die λ_j sind die Eigenwerte von $\mathbf{A}$ mit den algebraischen Vielfachheiten n_j. Die Matrix $\mathbf{J}$ heißt *Jordansche Normalform*, die Matrizen $\mathbf{J}(\lambda_j, n_j)$ heißen *Jordanblöcke* der Matrix $\mathbf{A}$.

* Die Matrix $\mathbf{J}$ ist bis auf die Anordnung der Diagonalblöcke eindeutig bestimmt.

* Falls $\mathbf{A}$ nur reelle Eigenwerte hat, kann die Transformationsmatrix $\mathbf{C}$ reell gewählt werden.

* Die Anzahl s der Jordanblöcke ist gleich der Anzahl der linear unabhängigen Eigenvektoren der Matrix $\mathbf{A}$. Diese stehen in denjenigen Spalten von $\mathbf{C}$, die den ersten Spalten der Jordanblöcke entsprechen.

Singulärwertzerlegung

Zu jeder reellen (m,n)-Matrix $\mathbf{A}$ gibt es eine orthogonale (m,m)-Matrix $\mathbf{U}$ und eine orthogonale (n,n)-Matrix $\mathbf{V}$, so daß

$$\mathbf{U}^T\mathbf{A}\mathbf{V} = \Sigma = \begin{pmatrix} \sigma_1 & & & \\ & \ddots & & 0 \\ & & \sigma_r & \\ 0 & & & 0 \end{pmatrix} \quad \text{mit} \quad \sigma_1 \ge \cdots \ge \sigma_r > 0$$

gilt. Dabei können die beiden rechten oder die beiden unteren Nullblöcke fehlen. Treten alle drei Nullblöcke auf, so setzt man $\sigma_{r+1} = \cdots = \sigma_l = 0$, mit $l = \min(m,n)$. Durch $\mathbf{A}$ sind die Zahlen $\sigma_1, \ldots, \sigma_l$ eindeutig festgelegt, sie heißen *Singulärwerte* von $\mathbf{A}$.

* Es gilt $r = \text{rang}(\mathbf{A})$ und $\mathbf{A} = \mathbf{U}\Sigma\mathbf{V}^T$.

* Die Zahlen $\sigma_1^2, \ldots, \sigma_r^2$ sind die positiven Eigenwerte sowohl von $\mathbf{A}^T\mathbf{A}$ als auch von $\mathbf{A}\mathbf{A}^T$, die restlichen $n - r$ bzw. $m - r$ Eigenwerte von $\mathbf{A}^T\mathbf{A}$ bzw. $\mathbf{A}\mathbf{A}^T$ sind null.

* Die Spalten von $\mathbf{U}$ sind die normierten Eigenvektoren von $\mathbf{A}\mathbf{A}^T$, die Spalten von $\mathbf{V}$ die normierten Eigenvektoren von $\mathbf{A}^T\mathbf{A}$.

Folgen

Zahlenfolgen

Eine Abbildung $a \mid K \to \mathbb{R}$, $K \subset \mathbb{N}$, wird *Zahlenfolge* genannt. Die Zahlenfolge heißt *endlich* oder *unendlich*, je nachdem, ob die Menge K endlich oder unendlich ist. Eine unendliche Zahlenfolge wird *Folge* genannt.

Bezeichnungen:	$a_n := a(n)$	...	*Elemente* der Folge, $n = 1, 2, \ldots$
	$\{a_n\}$	...	Zusammenfassung aller Elemente, Folge

beschränkte Folge: Es gibt eine Zahl $\rho \in \mathbb{R}$ mit $|a_n| \leq \rho$ für alle $n \in \mathbb{N}$.

Monotonie: Eine Folge heißt *monoton wachsend, monoton fallend, streng monoton wachsend* oder *streng monoton fallend*, wenn die Abbildung a die entsprechende Eigenschaft hat.

Konvergenz: Eine Zahl g heißt *Grenzwert* der Folge $\{a_n\}$, wenn es zu jeder Zahl $\varepsilon > 0$ einen Index $n(\varepsilon)$ gibt mit $|a_n - g| < \varepsilon$ für alle $n \geq n(\varepsilon)$. Die Folge $\{a_n\}$ heißt dann *konvergent gegen g*.
Schreibweise: $\lim\limits_{n \to \infty} a_n = g$ oder $a_n \to g$ für $n \to \infty$.

Divergenz: Hat eine Folge keinen Grenzwert, so heißt sie *divergent*. Die Folge $\{a_n\}$ heißt *bestimmt divergent gegen* $+\infty$, wenn es zu jeder Zahl ρ einen Index $n(\rho)$ gibt mit $a_n > \rho$ für alle $n \geq n(\rho)$. Die Folge $\{a_n\}$ heißt *bestimmt divergent gegen* $-\infty$, wenn die Folge $\{-a_n\}$ bestimmt divergent gegen $+\infty$ ist. Eine Folge, die weder konvergent noch bestimmt divergent ist, heißt *unbestimmt divergent*.

Häufungspunkt: Eine Zahl h heißt *Häufungspunkt* der Folge $\{a_n\}$, wenn es zu jeder Zahl $\varepsilon > 0$ unendlich viele Elemente a_n gibt mit $|a_n - h| < \varepsilon$.

Konvergenzsätze

♦ Eine Folge kann höchstens einen Grenzwert haben.

♦ Eine monotone Folge konvergiert genau dann, wenn sie beschränkt ist.

♦ Aus $A \leq a_n \leq B$ und $\lim\limits_{n \to \infty} a_n = g$ folgt $A \leq g \leq B$.

♦ Aus $\lim\limits_{n \to \infty} a_n = g$, $\lim\limits_{n \to \infty} b_n = h$, $\alpha, \beta \in \mathbb{R}$ folgen

$$\lim_{n \to \infty}(\alpha a_n + \beta b_n) = \alpha g + \beta h, \qquad \lim_{n \to \infty} a_n b_n = gh, \qquad \lim_{n \to \infty} \frac{a_n}{b_n} = \frac{g}{h} \text{ falls } h \neq 0.$$

♦ Aus $\lim\limits_{n\to\infty} a_n = g$ folgt

$$\lim_{n\to\infty} |a_n| = |g| \ , \qquad \lim_{n\to\infty} \sqrt[k]{a_n} = \sqrt[k]{g} \ \text{ für } g > 0 \ , \qquad \lim_{n\to\infty} \frac{1}{n}(a_1 + \cdots + a_n) = g.$$

♦ Eine beschränkte Folge besitzt mindestens einen Häufungspunkt.

♦ Ist h Häufungspunkt von $\{a_n\}$, so gibt es eine gegen h konvergente Teilfolge von $\{a_n\}$.

Grenzwerte spezieller Folgen

$$\lim_{n\to\infty} \frac{1}{n} = 0 \qquad\qquad \lim_{n\to\infty} \frac{n}{n+1} = 1 \qquad\qquad \lim_{n\to\infty} \sqrt[n]{\lambda} = 1 \ \text{ für } \ \lambda > 0$$

$$\lim_{n\to\infty} \left(1 + \frac{1}{n}\right)^n = \mathrm{e} \qquad \lim_{n\to\infty} \left(1 - \frac{1}{n}\right)^n = \frac{1}{\mathrm{e}} \qquad \lim_{n\to\infty} \left(1 + \frac{\lambda}{n}\right)^n = \mathrm{e}^{\lambda}$$

Funktionenfolgen

Folgen der Form

$$f_1, f_2, \ldots \quad \text{Schreibweise:} \quad \{f_n\}, \ n \in \mathbb{N},$$

bei denen die Glieder $\{f_n\}$ auf einem Intervall $D \in \mathbb{R}$ definierte reellwertige Funktionen sind, werden *Funktionenfolgen* genannt. Alle Werte $x \in D$, für die die Folge $\{f_n(x)\}$ einen Grenzwert besitzt, bilden den *Konvergenzbereich* der Funktionenfolge $\{f_n\}$. Im weiteren wird angenommen, daß D mit dem Konvergenzbereich übereinstimmt. Durch

$$f(x) := \lim_{n\to\infty} f_n(x), \quad x \in D,$$

wird die *Grenzfunktion* f der Funktionenfolge $\{f_n\}$ definiert.

♦ Die Funktionenfolge $\{f_n\}$, $n \in \mathbb{N}$, konvergiert *gleichmäßig in D* gegen die Grenzfunktion f, wenn es zu jeder reellen Zahl $\varepsilon > 0$ eine Zahl $n(\varepsilon)$ gibt, die nicht von x abhängt, so daß für alle $n \geq n(\varepsilon)$ und alle $x \in D$ gilt:

$$|f_n(x) - f(x)| < \varepsilon \ .$$

♦ *Cauchy-Kriterium.* Die Funktionenfolge $\{f_n\}$, $n \in \mathbb{N}$, ist genau dann im Intervall $D \in \mathbb{R}$ gleichmäßig konvergent, wenn es zu jeder reellen Zahl $\varepsilon > 0$ eine nicht von x abhängige Zahl $n(\varepsilon)$ gibt, so daß für alle $n \geq n(\varepsilon)$ und alle $m \geq 1$ gilt:

$$|f_{n+m}(x) - f_n(x)| < \varepsilon \quad \text{für alle } x \in D \ .$$

Differentialrechnung für Funktionen mit einer Variablen

Begriffe

Differenzenquotient: $\quad \dfrac{\Delta y}{\Delta x} := \dfrac{f(x+\Delta x)-f(x)}{\Delta x}$

Differentialquotient: $\quad \dfrac{\mathrm{d}y}{\mathrm{d}x} := \lim\limits_{\Delta x \to 0} \dfrac{f(x+\Delta x)-f(x)}{\Delta x}$ $\quad$ (*)

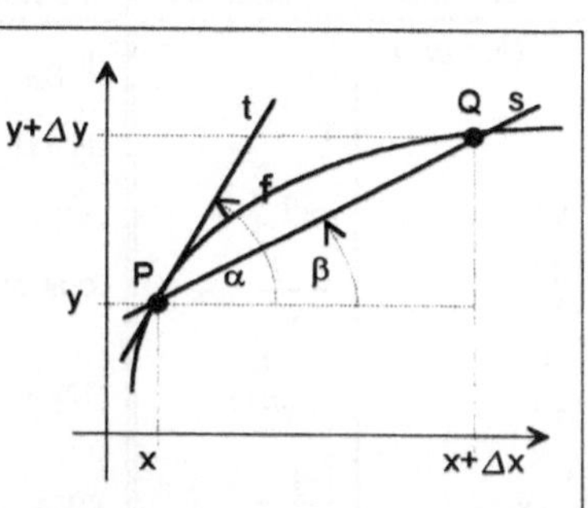

Falls der Grenzwert (*) existiert, heißt die Funktion f *an der Stelle x differenzierbar*. Der Grenzwert heißt *Differentialquotient* oder *Ableitung* der Funktion f an der Stelle x und wird mit $\dfrac{\mathrm{d}y}{\mathrm{d}x}$ bezeichnet (auch $\dfrac{\mathrm{d}f}{\mathrm{d}x}$, $y'(x), f'(x)$). Der Differenzenquotient ist der Anstieg $\tan\beta$ der Sekante s zwischen den Kurvenpunkten $P(x,f(x))$ und $Q(x+\Delta x, f(x+\Delta x))$. Der Differentialquotient ist der Anstieg $\tan\alpha$ der Tangente t im Kurvenpunkt $P(x,f(x))$.

Differentiationsregeln

- Summe: $\qquad (f+g)' = f' + g'$ $\qquad$ ◆ Faktor: $\qquad (\lambda f)' = \lambda f'$ $\;(\lambda \in \mathbb{R},\text{ konstant})$

- *Produktregel:* $(f \cdot g)' = f' \cdot g + f \cdot g'$ $\qquad$ ◆ *Quotientenregel:* $\left(\dfrac{f}{g}\right)' = \dfrac{f' \cdot g - f \cdot g'}{g^2}$

- *Kettenregel:* Es sei $y = f_a(z)$ mit $z = f_i(x)$ ($f_a\ldots$ äußere Funktion, $f_i\ldots$ innere Funktion). Dann gilt

$$\frac{\mathrm{d}y}{\mathrm{d}x} = \frac{\mathrm{d}y}{\mathrm{d}z} \cdot \frac{\mathrm{d}z}{\mathrm{d}x} \quad \text{oder:} \quad y'(x) = (f_a(f_i(x)))' = \frac{\mathrm{d}f_a(f_i)}{\mathrm{d}f_i} \cdot \frac{\mathrm{d}f_i(x)}{\mathrm{d}x} \; .$$

- *Differentiation mittels Umkehrfunktion*
  Es sei $x = f^{-1}(y)$ die Umkehrung von $y = f(x)$. Dann gilt

$$f'(x) = \frac{1}{(f^{-1})'(f(x))} \quad \text{oder:} \quad \frac{\mathrm{d}y}{\mathrm{d}x} = \frac{1}{\frac{\mathrm{d}x}{\mathrm{d}y}} \; .$$

- *Logarithmische Differentiation* (falls $\ln f(x)$ leichter zu differenzieren ist als $f(x)$)

$$f'(x) = (\ln f(x))' \cdot f(x) \; .$$

- Ist eine Funktion $y = f(x)$ in *impliziter* Form $F(x,y) = 0$ gegeben, so gilt

$$f'(x) = -\frac{F_x(x,y)}{F_y(x,y)} \; .$$

Ableitungen elementarer Funktionen

Funktion	Ableitung	Funktion	Ableitung	Funktion	Ableitung
C (Konst.)	0	$\log_a |x|$	$\frac{1}{x}\log_a e$	$\sinh x$	$\cosh x$
x	1	$\lg |x|$	$\frac{1}{x}\lg e$	$\cosh x$	$\sinh x$
x^n	nx^{n-1}	$\sin x$	$\cos x$	$\tanh x$	$1-\tanh^2 x$
$\frac{1}{x}$	$-\frac{1}{x^2}$	$\cos x$	$-\sin x$	$\coth x$	$1-\coth^2 x$
$\frac{1}{x^n}$	$-\frac{n}{x^{n+1}}$	$\tan x$	$1+\tan^2 x$	$\operatorname{arsinh} x$	$\dfrac{1}{\sqrt{1+x^2}}$
$\sqrt{x}$	$\frac{1}{2\sqrt{x}}$	$\cot x$	$-1-\cot^2 x$	$\operatorname{arcosh} x$	$\dfrac{1}{\sqrt{x^2-1}}$
$\sqrt[n]{x}$	$\dfrac{1}{n\sqrt[n]{x^{n-1}}}$	$\arcsin x$	$\dfrac{1}{\sqrt{1-x^2}}$	$\operatorname{artanh} x$	$\dfrac{1}{1-x^2}$
e^x	e^x	$\arccos x$	$-\dfrac{1}{\sqrt{1-x^2}}$	$\operatorname{arcoth} x$	$-\dfrac{1}{x^2-1}$
a^x	$a^x \ln a$	$\arctan x$	$\dfrac{1}{1+x^2}$	$\Gamma(x)\ (x>0)$	$\displaystyle\int_0^\infty e^{-t}t^{x-1}(\ln t)^n\,dt$
$\ln |x|$	$\frac{1}{x}$	$\operatorname{arccot} x$	$-\dfrac{1}{1+x^2}$		

Mittelwertsätze

Mittelwertsatz der Differentialrechnung

Die Funktion f sei auf $[a,b]$ stetig und auf (a,b) differenzierbar. Dann gibt es (mindestens) ein $\xi \in (a,b)$, so daß gilt

$$\frac{f(b)-f(a)}{b-a} = f'(\xi)\,.$$

Erweiterter Mittelwertsatz der Differentialrechnung

Die Funktionen f und g seien auf dem Intervall $[a,b]$ stetig und auf (a,b) differenzierbar. Es sei $g'(x) \neq 0$ für jedes $x \in (a,b)$. Dann gibt es (mindestens) ein $\xi \in (a,b)$, so daß gilt

$$\frac{f(b)-f(a)}{g(b)-g(a)} = \frac{f'(\xi)}{g'(\xi)}\,.$$

Taylorentwicklung

Satz von Taylor: Die Funktion f sei in einer Umgebung U der Stelle x_0 $(n+1)$-mal differenzierbar, und es sei $x \in U$. Dann gibt es eine zwischen x und x_0 gelegene Zahl ξ, so daß gilt

Taylorformel: $f(x) = p_n(x) + R_n(x)$

Taylorpolynom: $p_n(x) = f(x_0) + \dfrac{f'(x_0)}{1!}(x - x_0) + \dfrac{f''(x_0)}{2!}(x - x_0)^2 + \cdots + \dfrac{f^{(n)}(x_0)}{n!}(x - x_0)^n$

Restglied: $R_n(x) = \dfrac{f^{(n+1)}(\xi)}{(n+1)!}(x - x_0)^{n+1}$ (Lagrange-Form)

$\qquad\qquad\ R_n(x) = \dfrac{1}{n!} \displaystyle\int_{x_0}^{x} (x - t)^n f^{(n+1)}(t)\, dt$ (Integral-Form)

♦ Andere Schreibweise (Entwicklungsstelle x statt x_0, Zwischenstelle $x + \vartheta h$, $0 < \vartheta < 1$):

$$f(x + h) = f(x) + \frac{f'(x)}{1!}h + \frac{f''(x)}{2!}h^2 + \cdots + \frac{f^{(n)}(x)}{n!}h^n + \frac{f^{(n+1)}(x + \vartheta h)}{(n+1)!}h^{n+1}$$

♦ *MacLaurin-Form* der Taylorformel (Spezialfall $x_0 = 0$, Zwischenstelle ϑx, $0 < \vartheta < 1$):

$$f(x) = f(0) + \frac{f'(0)}{1!}x + \frac{f''(0)}{2!}x^2 + \cdots + \frac{f^{(n)}(0)}{n!}x^n + \frac{f^{(n+1)}(\vartheta x)}{(n+1)!}x^{n+1}$$

Taylorformeln elementarer Funktionen mit Entwicklungsstelle $x_0 = 0$

Funktion	Taylorpolynom	Restglied
e^x	$1 + x + \dfrac{x^2}{2!} + \dfrac{x^3}{3!} + \cdots + \dfrac{x^n}{n!}$	$\dfrac{e^{\vartheta x}}{(n+1)!}x^{n+1}$
$\sin x$	$x - \dfrac{x^3}{3!} + \dfrac{x^5}{5!} - + \cdots + (-1)^{n-1}\dfrac{x^{2n-1}}{(2n-1)!}$	$(-1)^n\dfrac{\cos \vartheta x}{(2n+1)!}x^{2n+1}$
$\cos x$	$1 - \dfrac{x^2}{2!} + \dfrac{x^4}{4!} - + \cdots + (-1)^n\dfrac{x^{2n}}{(2n)!}$	$(-1)^{n+1}\dfrac{\cos \vartheta x}{(2n+2)!}x^{2n+2}$
$\ln(1+x)$	$x - \dfrac{x^2}{2} + \dfrac{x^3}{3} - + \cdots + (-1)^{n-1}\dfrac{x^n}{n}$	$(-1)^n\dfrac{x^{n+1}}{(1+\vartheta x)^{n+1}}$
$(1+x)^\alpha$	$1 + \dbinom{\alpha}{1}x + \dbinom{\alpha}{2}x^2 + \cdots + \dbinom{\alpha}{n}x^n$	$\dbinom{\alpha}{n+1}(1+\vartheta x)^{\alpha-n-1}x^{n+1}$

Näherungsformeln

Für "kleine" x, d.h. für $|x| \ll 1$, ergeben die ersten Summanden der Taylorpolynome mit der Entwicklungsstelle $x_0 = 0$ bereits für viele Anwendungen ausreichende Näherungen:

$$\frac{1}{1+x} \approx 1 - x \qquad \sqrt[n]{1+x} \approx 1 + \frac{x}{n} \qquad \frac{1}{\sqrt[n]{1+x}} \approx 1 - \frac{x}{n} \qquad (1+x)^\alpha \approx 1 + \alpha x$$

$$\sin x \approx x \qquad\qquad \cos x \approx 1 - \frac{x^2}{2} \qquad\qquad \tan x \approx x \qquad\qquad \sinh x \approx x$$

$$\cosh x \approx 1 + \frac{x^2}{2} \qquad e^x \approx 1 + x \qquad\qquad a^x \approx 1 + x \ln \qquad\qquad \ln(1+x) \approx x$$

Integralrechnung für Funktionen mit einer Variablen

Unbestimmtes Integral

Jede Funktion $F \mid (a, b) \to \mathbb{R}$ mit der Eigenschaft

$$F'(x) = f(x) \quad \text{für alle} \quad x \in (a, b)$$

heißt *Stammfunktion* der Funktion $f \mid (a, b) \to \mathbb{R}$. Ist F irgendeine Stammfunktion von f auf (a, b), so ist jede andere Stammfunktion von der Form $F + c$, wobei c eine reelle Zahl (die Integrationskonstante) ist. Die Menge aller Stammfunktionen $\{F + c \mid c \in \mathbb{R}\}$ heißt *unbestimmtes Integral* von f auf (a, b); man schreibt dafür

$$\int f(x)\,dx = F(x) + c \ .$$

Integrationsregeln

- *Multiplikative Konstante:* $\quad \int \lambda f(x)\,dx = \lambda \int f(x)\,dx \quad (\lambda \in \mathbb{R}, \text{konstant})$

- *Summe:* $\qquad\qquad\qquad \int (f(x) + g(x))\,dx = \int f(x)\,dx + \int g(x)\,dx$

- *Substitution:* $\qquad\qquad \int f(x)\,dx = \int f(\varphi(u))\varphi'(u)\,du \Big|_{u = \varphi^{-1}(x)} \qquad$ Vorauss.: $x = \varphi(u)$ streng monot. Fkt.

- *Partielle Integration:* $\quad \int u(x)v'(x)\,dx = u(x)v(x) - \int u'(x)v(x)\,dx$

Integration gebrochen rationaler Funktionen

$$\int \frac{a_m x^m + a_{m-1} x^{m-1} + \ldots + a_1 x + a_0}{b_n x^n + b_{n-1} x^{n-1} + \ldots + b_1 x + b_0}\,dx$$

Polynomdivision und Partialbruchzerlegung führen auf Integrale über Polynome und spezielle *Partialbrüche*. Die Partialbrüche können durch i.allg. mehrfache Anwendung folgender Formeln integriert werden (Voraussetzungen: $x - a \neq 0$, $k > 1$ bzw. $p^2 < 4q$).

$$\int \frac{dx}{x - a} = \ln |x - a| + c$$

$$\int \frac{dx}{(x - a)^k} = -\frac{1}{(k - 1)(x - a)^{k-1}} + c$$

$$\int \frac{dx}{x^2 + px + q} = \frac{2}{\sqrt{4q - p^2}} \arctan \frac{2x + p}{\sqrt{4q - p^2}} + c$$

$$\int \frac{Ax+B}{x^2+px+q}\,\mathrm{d}x = \frac{A}{2}\ln(x^2+px+q) + (B - \tfrac{1}{2}Ap)\int \frac{\mathrm{d}x}{x^2+px+q}$$

$$\int \frac{\mathrm{d}x}{(x^2+px+q)^k} = \frac{1}{(k-1)(4q-p^2)}\left\{\frac{2x+p}{(x^2+px+q)^{k-1}} + (4k-6)\int \frac{\mathrm{d}x}{(x^2+px+q)^{k-1}}\right\}$$

$$\int \frac{Ax+B}{(x^2+px+q)^k}\,\mathrm{d}x = -\frac{A}{2(k-1)(x^2+px+q)^{k-1}} + (B - \tfrac{1}{2}Ap)\int \frac{\mathrm{d}x}{(x^2+px+q)^k}$$

Integrale weiterer Funktionenklassen

Unter $R(f(x), g(x))$ versteht man eine rationale Funktion in $f(x)$ und $g(x)$, d.h. eine Funktion, die sich durch endlich viele Additionen, Subtraktionen, Multiplikationen und Divisionen aus Konstanten, aus $f(x)$ und aus $g(x)$ darstellen läßt.

Integrand	Substitutionen		Rück-substitution $t=$	Bedingung
$\sin^n x \cos^m x$	$\sin x = t$ $\cos^2 x = 1 - t^2$	$\cos x\,\mathrm{d}x = \mathrm{d}t$	$\sin x$	m ungerade
	$\cos x = t$ $\sin^2 x = 1 - t^2$	$-\sin x\,\mathrm{d}x = \mathrm{d}t$	$\cos x$	n ungerade
	$\sin^2 x = \frac{t^2}{1+t^2}$ $\cos^2 x = \frac{1}{1+t^2}$	$\mathrm{d}x = \frac{\mathrm{d}t}{1+t^2}$	$\tan x$	n, m gerade
$R\left(x, \sqrt[n]{ax+b}\right)$	$x = \frac{1}{a}(t^n - b)$	$\mathrm{d}x = \frac{n}{a}t^{n-1}\,\mathrm{d}t$	$\sqrt[n]{ax+b}$	
$R(\mathrm{e}^x)$	$x = \ln t$	$\mathrm{d}x = \frac{1}{t}\,\mathrm{d}t$	e^x	
$R(\sin x, \cos x)$	$\sin x = \frac{2t}{1+t^2}$ $\cos x = \frac{1-t^2}{1+t^2}$	$\mathrm{d}x = \frac{2}{1+t^2}\,\mathrm{d}t$	$\tan\frac{x}{2}$	
$R(\sinh x, \cosh x)$	$x = \ln t$	$\mathrm{d}x = \frac{1}{t}\,\mathrm{d}t$	e^x	
$R\left(x, \sqrt{x^2+a^2}\right)$	$x = a\sinh t$	$\mathrm{d}x = a\cosh t\,\mathrm{d}t$	$\operatorname{arsinh}\frac{x}{a}$	$a \neq 0$
$R\left(x, \sqrt{x^2-a^2}\right)$	$x = a\cosh t$	$\mathrm{d}x = a\sinh t\,\mathrm{d}t$	$\operatorname{arcosh}\frac{x}{a}$	$a \neq 0$
$R\left(x, \sqrt{a^2-x^2}\right)$	$x = a\sin t$	$\mathrm{d}x = a\cos t\,\mathrm{d}t$	$\arcsin\frac{x}{a}$	$a \neq 0$
$R\left(x, \sqrt{ax^2+2bx+c}\right)$	$x = \frac{\sqrt{ac-b^2}}{a}t - \frac{b}{a}$	$\mathrm{d}x = \frac{\sqrt{ac-b^2}}{a}\,\mathrm{d}t$	$\frac{ax+b}{\sqrt{ac-b^2}}$	$b^2 < ac$
	$x = \frac{\sqrt{b^2-ac}}{a}t - \frac{b}{a}$	$\mathrm{d}x = \frac{\sqrt{b^2-ac}}{a}\,\mathrm{d}t$	$\frac{ax+b}{\sqrt{b^2-ac}}$	$b^2 > ac$

Elliptische Integrale

Integrale der Form

$$\int R\left(x, \sqrt{ax^3+bx^2+cx+d}\,\right) dx \quad \text{und} \quad \int R\left(x, \sqrt{ax^4+bx^3+cx^2+dx+e}\,\right) dx$$

heißen *elliptische Integrale*. Nach Substitutionen und Integrationen elementarer Art verbleibt eine der sogenannten *elliptischen Normalformen*

$$\int \frac{dt}{\sqrt{(1-t^2)(1-k^2t^2)}} \;, \quad \int \frac{(1-k^2t^2)dt}{\sqrt{(1-t^2)(1-k^2t^2)}} \;, \quad \int \frac{dt}{(1+ht^2)\sqrt{(1-t^2)(1-k^2t^2)}} \;.$$

Die Substitution $t = \sin \psi$, $0 < \psi < \frac{\pi}{2}$, ergibt die drei Legendreschen Normalformen erster, zweiter und dritter Gattung, deren zugehörige bestimmte Integrale

$$\int_0^\varphi \frac{d\psi}{\sqrt{1-k^2\sin^2\psi}} = F(k,\varphi) \;, \qquad\qquad \int_0^\varphi \sqrt{1-k^2\sin^2\psi}\; d\psi = E(k,\varphi) \;,$$

$$\int_0^\varphi \frac{d\psi}{(1+h\sin^2\psi)\sqrt{1-k^2\sin^2\psi}} = \Pi(h,k,\varphi)$$

über Tafeln oder über mathematische Systemsoftware erhältlich sind.

Bestimmtes Integral

Es sei

$$[x_0^{(n)}, x_1^{(n)}], \; [x_1^{(n)}, x_2^{(n)}], \; ..., \; [x_{N(n)-1}^{(n)}, x_{N(n)}^{(n)}],$$

wobei $x_0^{(n)} = a$, $x_{N(n)}^{(n)} = b$ für alle n gilt, eine immer feiner werdende Folge von Zerlegungen des Intervalls $[a,b]$, d.h., es gelte $\max_k (x_k^{(n)} - x_{k-1}^{(n)}) \to 0$ für $n \to \infty$. Ferner sei in jedem Teilintervall eine Stelle $\xi_k^{(n)}$ ausgewählt. Falls für jede solche Zerlegungsfolge und jede Wahl der Stellen $\xi_k^{(n)} \in [x_{k-1}^{(n)}, x_k^{(n)}]$ der Grenzwert $\lim\limits_{n \to \infty} \sum\limits_{k=1}^{N(n)} f(\xi_k^{(n)})(x_k^{(n)} - x_{k-}^{(n)})$ existiert, nennt man ihn das *bestimmte (Riemannsche) Integral* der Funktion f über dem Intervall $[a,b]$:

$$\int_a^b f(x)\, dx = \lim_{n \to \infty} \sum_{k=1}^{N(n)} f(\xi_k^{(n)}) \Delta x_k^{(n)} \qquad \text{mit } \Delta x_k^{(n)} := x_k^{(n)} - x_{k-1}^{(n)} \;,$$

und die Funktion f nennt man *über* $[a,b]$ *integrierbar*.

• Jede auf $[a,b]$ stückweise stetige Funktion f ist über $[a,b]$ integrierbar.

Eigenschaften und Rechenregeln

◆ Der Flächeninhalt A des durch die vier Kurven $y = 0$, $x = a$, $x = b$, $y = f(x)$ mit $f(x) \geq 0$, begrenzten Flächenstücks ist

$$A = \int_a^b f(x)\,dx \ .$$

◆ $\quad \int_a^a f(x)\,dx = 0 \qquad\qquad \int_a^b f(x)\,dx = -\int_b^a f(x)\,dx$

$$\int_a^b (f(x) + g(x))\,dx = \int_a^b f(x)\,dx + \int_a^b g(x)\,dx \qquad \int_a^b \lambda f(x)\,dx = \lambda \int_a^b f(x)\,dx \quad (\lambda \in \mathbb{R},\ \text{konstant})$$

$$\int_a^b f(x)\,dx = \int_a^c f(x)\,dx + \int_c^b f(x)\,dx \qquad\qquad \left| \int_a^b f(x)\,dx \right| \leq \int_a^b |f(x)|\,dx$$

◆ *Erster Mittelwertsatz der Integralrechnung*: Ist f auf $[a, b]$ stetig, so gibt es mindestens eine Stelle $\xi \in [a, b]$ mit der Eigenschaft

$$\int_a^b f(x)\,dx = (b - a)f(\xi) \ .$$

◆ *Verallgemeinerter erster Mittelwertsatz der Integralrechnung*: Ist f stetig auf $[a, b]$, g integrierbar über $[a, b]$ und entweder $g(x) \geq 0$ für alle $x \in [a, b]$ oder $g(x) \leq 0$ für alle $x \in [a, b]$, so gibt es mindestens eine Stelle $\xi \in [a, b]$ mit der Eigenschaft

$$\int_a^b f(x)g(x)\,dx = f(\xi)\int_a^b g(x)\,dx \ .$$

◆ *Zweiter Mittelwertsatz der Integralrechnung*: Ist f monoton und beschränkt auf $[a, b]$ und g integrierbar über $[a, b]$, so gibt es mindestens eine Stelle $\xi \in [a, b]$, so daß gilt

$$\int_a^b f(x)g(x)\,dx = f(a)\int_a^\xi g(x)\,dx + f(b)\int_\xi^b g(x)\,dx \ .$$

◆ Ist f stetig auf $[a, b]$, so ist $\int_a^x f(t)\,dt$ für $x \in [a, b]$ eine in x stetige und differenzierbare Funktion F, für die gilt

$$F(x) = \int_a^x f(t)\,dt \quad \Rightarrow \quad F'(x) = f(x) \ .$$

◆ *Hauptsatz der Differential- und Integralrechnung:* Ist f auf $[a, b]$ stetig und F irgendeine Stammfunktion von f auf $[a, b]$, so gilt

$$\int_a^b f(x)\,dx = F(b) - F(a) \ .$$

Tabelle unbestimmter Integrale

Allgemeiner Hinweis: Die Integrationskonstante ist stets weggelassen.

Grundintegrale

Potenzen

$$\int x^n \, dx = \frac{x^{n+1}}{n+1} \quad (n \in \mathbb{Z}, n \neq -1,$$
$$x \neq 0 \text{ für } n < 0)$$

$$\int x^\alpha \, dx = \frac{x^{\alpha+1}}{\alpha+1} \quad (\alpha \in \mathbb{R}, \alpha \neq -1, x > 0)$$

$$\int \frac{dx}{x} = \ln |x| \quad (x \neq 0)$$

Exponentialfunktion und Logarithmus

$$\int e^x \, dx = e^x$$

$$\int a^x \, dx = \frac{a^x}{\ln a} \quad (a \in \mathbb{R}, a > 0, a \neq 1)$$

$$\int \ln x \, dx = x \ln x - x \quad (x > 0)$$

Trigonometrische Funktionen

$$\int \sin x \, dx = -\cos x$$

$$\int \cos x \, dx = \sin x$$

$$\int \tan x \, dx = -\ln |\cos x| \quad (x \neq (2k+1)\tfrac{\pi}{2})$$

$$\int \cot x \, dx = \ln |\sin x| \quad (x \neq k\pi)$$

Hyperbelfunktionen

$$\int \sinh x \, dx = \cosh x$$

$$\int \cosh x \, dx = \sinh x$$

$$\int \tanh x \, dx = \ln \cosh x$$

$$\int \coth x \, dx = \ln |\sinh x| \quad (x \neq 0)$$

Rationale Funktionen

$$\int \frac{dx}{1+x^2} = \arctan x$$

$$\int \frac{dx}{1-x^2} = \operatorname{artanh} x \quad (|x| < 1)$$

$$\int \frac{dx}{x^2-1} = -\operatorname{arcoth} x \quad (|x| > 1)$$

Irrationale Funktionen

$$\int \frac{dx}{\sqrt{1-x^2}} = \arcsin x \quad (|x| < 1)$$

$$\int \frac{dx}{\sqrt{1+x^2}} = \operatorname{arsinh} x$$

$$\int \frac{dx}{\sqrt{x^2-1}} = \operatorname{arcosh} x \quad (|x| > 1)$$

Arkusfunktionen

$$\int \arcsin x \, dx = x \arcsin x + \sqrt{1-x^2} \quad (|x| \leq 1)$$

$$\int \arccos x \, dx = x \arccos x - \sqrt{1-x^2} \quad (|x| \leq 1)$$

$$\int \arctan x \, dx = x \arctan x - \tfrac{1}{2}\ln(1+x^2)$$

$$\int \operatorname{arccot} x \, dx = x \operatorname{arccot} x + \tfrac{1}{2}\ln(1+x^2)$$

Areafunktionen

$$\int \operatorname{arsinh} x \, dx = x \operatorname{arsinh} x - \sqrt{1+x^2}$$

$$\int \operatorname{arcosh} x \, dx = x \operatorname{arcosh} x - \sqrt{x^2-1} \quad (x > 1)$$

$$\int \operatorname{artanh} x \, dx = x \operatorname{artanh} x + \tfrac{1}{2}\ln(1-x^2) \quad (|x| < 1)$$

$$\int \operatorname{arcoth} x \, dx = x \operatorname{arcoth} x + \tfrac{1}{2}\ln(x^2-1) \quad (|x| > 1)$$

Integrale rationaler Funktionen

$$\int (ax+b)^n\,dx = \frac{(ax+b)^{n+1}}{a(n+1)} \qquad (n \neq -1)$$

$$\boxed{ax+b}$$

$$\int \frac{dx}{ax+b} = \frac{1}{a}\ln|ax+b|$$

$$\int x(ax+b)^n\,dx = \frac{(ax+b)^{n+2}}{a^2(n+2)} - \frac{b(ax+b)^{n+1}}{a^2(n+1)} \qquad (n \neq -1,\ n \neq -2)$$

$$\int \frac{x\,dx}{ax+b} = \frac{x}{a} - \frac{b}{a^2}\ln|ax+b|$$

$$\int \frac{x\,dx}{(ax+b)^2} = \frac{b}{a^2(ax+b)} + \frac{1}{a^2}\ln|ax+b|$$

$$\int \frac{x^2\,dx}{ax+b} = \frac{1}{a^3}\left[\frac{1}{2}(ax+b)^2 - 2b(ax+b) + b^2\ln|ax+b|\right]$$

$$\int \frac{x^2\,dx}{(ax+b)^2} = \frac{1}{a^3}\left[ax+b - 2b\ln|ax+b| - \frac{b^2}{ax+b}\right]$$

$$\int \frac{ax+b}{fx+g}\,dx = \frac{ax}{f} + \frac{bf-ag}{f^2}\ln|fx+g|$$

$$\int \frac{dx}{(ax+b)(fx+g)} = \frac{1}{bf-ag}\ln\left|\frac{fx+g}{ax+b}\right| \qquad (bf \neq ag)$$

$$\boxed{ax^2 + bx + c}$$

$$\int \frac{dx}{ax^2+bx+c} = \begin{cases} \dfrac{2}{\sqrt{4ac-b^2}}\arctan\dfrac{2ax+b}{\sqrt{4ac-b^2}} & \text{für}\quad b^2 < 4ac \\[2ex] -\dfrac{2}{\sqrt{b^2-4ac}}\,\text{ar tanh}\,\dfrac{2ax+b}{\sqrt{b^2-4ac}} & \text{für}\quad 4ac < b^2 \end{cases}$$

$$\int \frac{dx}{(ax^2+bx+c)^{n+1}} = \frac{2ax+b}{n(4ac-b^2)(ax^2+bx+c)^n} + \frac{(4n-2)a}{n(4ac-b^2)}\int \frac{dx}{(ax^2+bx+c)^n}$$

$$\int \frac{x\,dx}{(ax^2+bx+c)^{n+1}} = \frac{bx+2c}{n(b^2-4ac)(ax^2+bx+c)^n} + \frac{(2n-1)b}{n(b^2-4ac)}\int \frac{dx}{(ax^2+bx+c)^n}$$

$$\int \frac{dx}{x(ax^2+bx+c)} = \frac{1}{2c}\ln\frac{x^2}{|ax^2+bx+c|} - \frac{b}{2c}\int \frac{dx}{ax^2+bx+c}$$

$$\int \frac{dx}{x(ax^2+bx+c)^{n+1}} = \frac{1}{2cn(ax^2+bx+c)^n} - \frac{b}{2c}\int \frac{dx}{(ax^2+bx+c)^{n+1}} + \frac{1}{c}\int \frac{dx}{x(ax^2+bx+c)^n}$$

$$\int \frac{dx}{a^2 \pm x^2} = \frac{1}{a}S \quad \text{mit}\quad S = \begin{cases} \arctan\frac{x}{a} & \text{für das Vorzeichen ''+''} \\[1ex] \text{ar tanh}\,\frac{x}{a} & \text{für das Vorzeichen ''-'' und}\quad |x| < |a| \\[1ex] \text{ar coth}\,\frac{x}{a} & \text{für das Vorzeichen ''-'' und}\quad |x| > |a| \end{cases}$$

$$\int \frac{dx}{(a^2 \pm x^2)^{n+1}} = \frac{x}{2na^2(a^2 \pm x^2)^n} + \frac{2n-1}{2na^2}\int \frac{dx}{(a^2 \pm x^2)^n}$$

$$\boxed{a^2 \pm x^2}$$

$$\int \frac{x\,dx}{a^2 \pm x^2} = \pm\frac{1}{2}\ln|a^2 \pm x^2|$$

$$\int \frac{x\,dx}{(a^2 \pm x^2)^{n+1}} = \mp\frac{1}{2n(a^2 \pm x^2)^n}$$

$$\int \frac{x^2 dx}{a^2 \pm x^2} = \pm x \mp aS$$

$$\int \frac{x^2 dx}{(a^2 \pm x^2)^{n+1}} = \mp \frac{x}{2n(a^2 \pm x^2)^n} \pm \frac{1}{2n} \int \frac{dx}{(a^2 \pm x^2)^n}$$

$$\int \frac{dx}{x(a^2 \pm x^2)} = \frac{1}{2a^2} \ln \frac{x^2}{|a^2 \pm x^2|}$$

$$\int \frac{dx}{a^3 \pm x^3} = \pm \frac{1}{6a^2} \ln \frac{(a \pm x)^2}{a^2 \mp ax + x^2} + \frac{1}{a^2 \sqrt{3}} \arctan \frac{2x \mp}{a\sqrt{3}}$$

$$\int \frac{x\, dx}{a^3 \pm x^3} = \frac{1}{6a} \ln \frac{a^2 \mp ax + x^2}{(a \pm x)^2} \pm \frac{1}{a\sqrt{3}} \arctan \frac{2x \mp}{a\sqrt{3}}$$

$$\int \frac{dx}{x(a^3 \pm x^3)} = \frac{1}{3a^3} \ln \left| \frac{x^3}{a^3 \pm x^3} \right|$$

$a^3 \pm x^3$

$$\int \frac{dx}{a^4 + x^4} = \frac{1}{2a^3 \sqrt{2}} \left[\operatorname{ar\,tanh} \frac{ax\sqrt{2}}{a^2 + x^2} + \arctan \left(\frac{x\sqrt{2}}{a} + 1 \right) + \arctan \left(\frac{x\sqrt{2}}{a} - 1 \right) \right]$$

$$\int \frac{dx}{a^4 - x^4} = \frac{1}{4a^3} \ln \left| \frac{a+x}{a-x} \right| + \frac{1}{2a^3} \arctan \frac{x}{a}$$

$a^4 \pm x^4$

Integrale irrationaler Funktionen

$$\int \frac{\sqrt{x}\, dx}{a^2 \pm b^2 x} = \pm \frac{2\sqrt{x}}{b^2} \mp \frac{2a}{b^3} T \quad \text{mit} \quad T = \begin{cases} \arctan \dfrac{b\sqrt{x}}{a} & \text{für Vorzeichen ''+''} \\ \dfrac{1}{2} \ln \left| \dfrac{a+b\sqrt{x}}{a-b\sqrt{x}} \right| & \text{für Vorzeichen ''-''} \end{cases}$$

$$\int \frac{\sqrt{x^3}\, dx}{a^2 \pm b^2 x} = \pm \frac{2\sqrt{x^3}}{3b^2} - \frac{2a^2 \sqrt{x}}{b^4} + \frac{2a^3}{b^5} T$$

$$\int \frac{\sqrt{x}\, dx}{(a^2 \pm b^2 x)^2} = \mp \frac{\sqrt{x}}{b^2(a^2 \pm b^2 x)} \pm \frac{1}{ab^3} T$$

$$\int \frac{dx}{\sqrt{x}\,(a^2 \pm b^2 x)} = \frac{2}{ab} T$$

$\sqrt{x}, a^2 \pm b^2 x$

$$\int \sqrt{(ax+b)^n}\, dx = \frac{2}{a(2+n)} \sqrt{(ax+b)^{n+2}} \qquad (n \neq -2)$$

$$\int \frac{dx}{x\sqrt{ax+b}} = \begin{cases} \dfrac{1}{\sqrt{b}} \ln \left| \dfrac{\sqrt{ax+b}-\sqrt{b}}{\sqrt{ax+b}+\sqrt{b}} \right| & \text{für} \quad b > 0 \\ \dfrac{2}{\sqrt{-b}} \arctan \sqrt{\dfrac{ax+b}{-b}} & \text{für} \quad b < 0 \end{cases}$$

$\sqrt{ax+b}$

$$\int \frac{\sqrt{ax+b}}{x}\, dx = 2\sqrt{ax+b} + b \int \frac{dx}{x\sqrt{ax+b}}$$

$$\int \frac{\sqrt{(ax+b)^n}}{x}\, dx = \frac{2}{n} \sqrt{(ax+b)^n} + b \int \frac{\sqrt{(ax+b)^{n-2}}}{x}\, dx \qquad (n \neq 0)$$

$$\int \frac{dx}{x\sqrt{(ax+b)^n}} = \frac{2}{(n-2)b\sqrt{(ax+b)^{n-2}}} + \frac{1}{b} \int \frac{dx}{x\sqrt{(ax+b)^{n-2}}} \qquad (n \neq 2)$$

$$\int \frac{\sqrt{fx+g}}{\sqrt{ax+b}}\, dx = \frac{1}{a}\sqrt{ax+b}\,\sqrt{fx+g} - \frac{bf-ag}{2a}\int \frac{dx}{\sqrt{ax+b}\,\sqrt{fx+g}}$$

$$\boxed{\sqrt{ax+b}\,,\ \sqrt{fx+g}}$$

$$\int \frac{dx}{\sqrt{ax+b}\,\sqrt{fx+g}} = \begin{cases} \dfrac{2\,\mathrm{sgn}(a)}{\sqrt{af}}\,\mathrm{artanh}\sqrt{\dfrac{f(ax+b)}{a(fx+g)}} & \text{für}\quad af>0 \ \text{und}\ |f|(ax+b) < |a|(fx+g) \\[3mm] \dfrac{2\,\mathrm{sgn}(a)}{\sqrt{-af}}\,\arctan\sqrt{-\dfrac{f(ax+b)}{a(fx+g)}} & \text{für}\quad af<0 \end{cases}$$

$$\int \sqrt{ax+b}\,\sqrt{fx+g}\, dx = \frac{bf-ag+2a(fx+g)}{4af}\sqrt{ax+b}\,\sqrt{fx+g} - \frac{(bf-ag)^2}{8af}\int \frac{dx}{\sqrt{ax+b}\,\sqrt{fx+g}}$$

$$\int \sqrt{a^2-x^2}\, dx = \frac{1}{2}\left(x\sqrt{a^2-x^2} + a^2\arcsin\frac{x}{a}\right)$$

$$\boxed{\sqrt{a^2-x^2}}$$

$$\int x\sqrt{a^2-x^2}\, dx = -\frac{1}{3}\sqrt{(a^2-x^2)^3}$$

$$\int \frac{\sqrt{a^2-x^2}}{x}\, dx = \sqrt{a^2-x^2} - a\ln\left|\frac{a+\sqrt{a^2-x^2}}{x}\right|$$

$$\int \frac{dx}{\sqrt{a^2-x^2}} = \arcsin\frac{x}{a}$$

$$\int \frac{x\, dx}{\sqrt{a^2-x^2}} = -\sqrt{a^2-x^2}$$

$$\int \frac{dx}{x\sqrt{a^2-x^2}} = -\frac{1}{a}\ln\left|\frac{a+\sqrt{a^2-x^2}}{x}\right|$$

$$\int \sqrt{x^2+a^2}\, dx = \frac{1}{2}\left(x\sqrt{x^2+a^2} + a^2\,\mathrm{arsinh}\frac{x}{a}\right)$$

$$\boxed{\sqrt{x^2+a^2}}$$

$$\int x\sqrt{x^2+a^2}\, dx = \frac{1}{3}\sqrt{(x^2+a^2)^3}$$

$$\int \frac{\sqrt{x^2+a^2}}{x}\, dx = \sqrt{x^2+a^2} - a\ln\frac{a+\sqrt{x^2+a^2}}{|x|}$$

$$\int \frac{dx}{\sqrt{x^2+a^2}} = \mathrm{arsinh}\frac{x}{a}$$

$$\int \frac{x\, dx}{\sqrt{x^2+a^2}} = \sqrt{x^2+a^2}$$

$$\int \frac{dx}{x\sqrt{x^2+a^2}} = -\frac{1}{a}\ln\frac{a+\sqrt{x^2+a^2}}{|x|}$$

$$\int \sqrt{x^2-a^2}\, dx = \frac{1}{2}\left(x\sqrt{x^2-a^2} - a^2\,\mathrm{arcosh}\frac{x}{a}\right)$$

$$\boxed{\sqrt{x^2-a^2}}$$

$$\int x\sqrt{x^2-a^2}\, dx = \frac{1}{3}\sqrt{(x^2-a^2)^3}$$

$$\int \frac{\sqrt{x^2-a^2}}{x}\, dx = \sqrt{x^2-a^2} - a\arccos\frac{a}{x}$$

$$\int \frac{dx}{\sqrt{x^2 - a^2}} = \text{arcosh}\, \frac{x}{a}$$

$$\int \frac{x\, dx}{\sqrt{x^2 - a^2}} = \sqrt{x^2 - a^2}$$

$$\int \frac{dx}{x\sqrt{x^2 - a^2}} = \frac{1}{a}\arccos \frac{a}{x}$$

$$\int \frac{dx}{\sqrt{ax^2 + bx + c}} = \begin{cases} \dfrac{1}{\sqrt{a}}\ln \left| 2\sqrt{a}\,\sqrt{ax^2 + bx + c} + 2ax + b \right| & \text{für} \quad a > 0 \\[2ex] -\dfrac{1}{\sqrt{-a}}\arcsin \dfrac{2ax+b}{\sqrt{b^2 - 4ac}} & \text{für} \quad a < 0,\ 4ac < b^2 \end{cases}$$

$$\int \sqrt{ax^2 + bx + c}\; dx = \frac{2ax + b}{4a}\sqrt{ax^2 + bx + c} + \frac{4ac - b^2}{8a}\int \frac{dx}{\sqrt{ax^2 + bx + c}}$$

$$\boxed{\sqrt{ax^2 + bx + c}}$$

$$\int \frac{x\, dx}{\sqrt{ax^2 + bx + c}} = \frac{1}{a}\sqrt{ax^2 + bx + c} - \frac{b}{2a}\int \frac{dx}{\sqrt{ax^2 + bx + c}}$$

$$\int x\sqrt{ax^2 + bx + c}\; dx = \left[\frac{ax^2 + bx + c}{3a} - \frac{2abx + b^2}{8a^2} \right]\sqrt{ax^2 + bx + c} + \frac{b^3 - 4abc}{16a^2}\int \frac{dx}{\sqrt{ax^2 + bx + c}}$$

$$\int \frac{dx}{x\sqrt{ax^2 + bx + c}} = \begin{cases} \dfrac{1}{\sqrt{c}}\ln \left| \dfrac{2c + bx - 2\sqrt{c}\,\sqrt{ax^2 + bx + c}}{2x} \right| & \text{für} \quad c > 0 \\[2ex] \dfrac{1}{\sqrt{-c}}\arcsin \dfrac{bx + 2c}{x\sqrt{b^2 - 4ac}} & \text{für} \quad c < 0,\ 4ac < b^2 \end{cases}$$

$$\int \frac{\sqrt{ax^2 + bx + c}}{x}\, dx = \sqrt{ax^2 + bx + c} + \frac{b}{2}\int \frac{dx}{\sqrt{ax^2 + bx + c}} + c\int \frac{dx}{x\sqrt{ax^2 + bx + c}}$$

Integrale trigonometrischer Funktionen

$$\int \sin ax\; dx = -\frac{1}{a}\cos ax$$

$$\boxed{\sin ax}$$

$$\int \sin^2 ax\; dx = \frac{1}{2}x - \frac{1}{4a}\sin 2ax$$

$$\int \sin^n ax\; dx = -\frac{1}{na}\sin^{n-1} ax \cos ax + \frac{n-1}{n}\int \sin^{n-2} ax\; dx \qquad (n \in \mathbb{N})$$

$$\int x \sin ax\; dx = \frac{1}{a^2}\sin ax - \frac{1}{a}x\cos ax$$

$$\int x^n \sin ax\; dx = -\frac{1}{a}x^n \cos ax + \frac{n}{a}\int x^{n-1}\cos ax\; dx$$

$$\int \frac{\sin ax}{x}\, dx = ax - \frac{(ax)^3}{3 \cdot 3!} \pm \cdots + (-1)^{n-1}\frac{(ax)^{2n-1}}{(2n-1)(2n-1)!} \pm \cdots = \text{Si}(ax)$$

$$\text{Das Integral} \int_0^x \frac{\sin t}{t}\, dt = \text{Si}(x) = \sum_{n=1}^{\infty} \frac{(-1)^{n-1}x^{2n-1}}{(2n-1)(2n-1)!} \quad \text{heißt } \textit{Integralsinus} \text{ (vertafelt).}$$

$$\int \frac{\sin ax}{x^n}\, dx = -\frac{1}{n-1}\frac{\sin ax}{x^{n-1}} + \frac{a}{n-1}\int \frac{\cos ax}{x^{n-1}}\, dx \qquad (n > 1)$$

$$\int \frac{dx}{\sin ax} = \frac{1}{a}\ln \left| \tan \frac{ax}{2} \right|$$

$$\int \frac{dx}{\sin^n ax} = -\frac{\cos ax}{a(n-1)\sin^{n-1} ax} + \frac{n-2}{n-1} \int \frac{dx}{\sin^{n-2} ax} \qquad (n > 1)$$

$$\int \frac{x\,dx}{\sin ax} = \frac{x}{a} + \frac{1}{a^2} \sum_{n=1}^{\infty} \frac{2(2^{2n-1}-1)}{(2n+1)!} B_n(ax)^{2n+1} \qquad (B_n \text{ sind die } \textit{Bernoullischen Zahlen})$$

$$\int \frac{x\,dx}{\sin^2 ax} = -\frac{x}{a}\cot ax - \frac{1}{a^2}\ln|\sin ax|$$

$$\int \frac{x\,dx}{\sin^n ax} = \frac{1}{n-1}\left[-\frac{x\cos ax}{a\sin^{n-1} ax} - \frac{1}{a^2(n-2)\sin^{n-2} ax} + (n-2)\int \frac{x\,dx}{\sin^{n-2} ax} \right] \qquad (n > 2)$$

$$\int \frac{dx}{1 \pm \sin ax} = \mp \frac{1}{a} \tan\left(\frac{\pi}{4} \mp \frac{ax}{2} \right)$$

$$\int \frac{dx}{b + c\sin ax} = \begin{cases} \dfrac{2}{a\sqrt{b^2-c^2}} \arctan \dfrac{c+b\tan\frac{ax}{2}}{\sqrt{b^2-c^2}} & \text{für} \quad c^2 < b^2 \\[4mm] \dfrac{1}{a\sqrt{c^2-b^2}} \ln \left| \dfrac{c-\sqrt{c^2-b^2}+b\tan\frac{ax}{2}}{c+\sqrt{c^2-b^2}+b\tan\frac{ax}{2}} \right| & \text{für} \quad b^2 < c^2 \end{cases}$$

$$\int \sin ax \sin bx\,dx = \frac{\sin(a-b)x}{2(a-b)} - \frac{\sin(a+b)x}{2(a+b)} \qquad (|a| \neq |b|)$$

$$\int \cos ax\,dx = \frac{1}{a}\sin ax \qquad\qquad\qquad \boxed{\cos ax}$$

$$\int \cos^2 ax\,dx = \frac{1}{2}x + \frac{1}{4a}\sin 2ax$$

$$\int \cos^n ax\,dx = \frac{1}{na}\sin ax\cos^{n-1} ax + \frac{n-1}{n}\int \cos^{n-2} ax\,dx$$

$$\int x\cos ax\,dx = \frac{1}{a^2}\cos ax + \frac{1}{a}x\sin ax$$

$$\int x^n\cos ax\,dx = \frac{1}{a}x^n\sin ax - \frac{n}{a}\int x^{n-1}\sin ax\,dx$$

$$\int \frac{\cos ax}{x}\,dx = \ln|ax| - \frac{(ax)^2}{2\cdot 2!} + \frac{(ax)^4}{4\cdot 4!} \mp \cdots + (-1)^n \frac{(ax)^{2n}}{2n(2n)!} \pm \cdots = \text{Ci}(ax) - C$$

$$\text{Ci}(x) = -\int_x^{\infty} \frac{\cos t}{t}\,dt \quad \text{heißt } \textit{Integralkosinus, } C \text{ ist die } \textit{Eulersche Konstante.}$$

$$\int \frac{\cos ax}{x^n}\,dx = -\frac{\cos ax}{(n-1)x^{n-1}} - \frac{a}{n-1}\int \frac{\sin ax}{x^{n-1}}\,dx \qquad (n \neq 1)$$

$$\int \frac{dx}{\cos ax} = \frac{1}{a}\ln\left| \tan\left(\frac{ax}{2} + \frac{\pi}{4} \right) \right|$$

$$\int \frac{dx}{\cos^n ax} = \frac{1}{n-1}\left[\frac{\sin ax}{a\cos^{n-1} ax} + (n-2)\int \frac{dx}{\cos^{n-2} ax} \right] \qquad (n > 1)$$

$$\int \frac{x\,dx}{\cos ax} = \frac{1}{2}x^2 + \frac{1}{a^2} \sum_{n=1}^{\infty} \frac{1}{(2n+2)(2n)!} E_n(ax)^{2n+2} \qquad (E_n \text{ sind die } \textit{Eulerschen Zahlen})$$

$$\int \frac{x\,dx}{\cos^2 ax} = \frac{x}{a}\tan ax + \frac{1}{a^2}\ln|\cos ax|$$

$$\int \frac{x\,dx}{\cos^n ax} = \frac{1}{n-1}\left[\frac{x\sin ax}{a\cos^{n-1} ax} - \frac{1}{a^2(n-2)\cos^{n-2} ax} + (n-2)\int \frac{x\,dx}{\cos^{n-2} ax} \right] \qquad (n > 2)$$

$$\int \frac{\mathrm{d}x}{1+\cos\alpha x} = \frac{1}{a}\tan\frac{\alpha x}{2}$$

$$\int \frac{\mathrm{d}x}{1-\cos\alpha x} = -\frac{1}{a}\cot\frac{\alpha x}{2}$$

$$\int \frac{\mathrm{d}x}{b+c\cos\alpha x} = \begin{cases} \dfrac{2}{a\sqrt{b^2-c^2}}\arctan\dfrac{(b-c)\tan\frac{\alpha x}{2}}{\sqrt{b^2-c^2}} & \text{für} \quad c^2 < b^2 \\[4mm] \dfrac{1}{a\sqrt{c^2-b^2}}\ln\dfrac{(c-b)\tan\frac{\alpha x}{2}+\sqrt{c^2-b^2}}{(c-b)\tan\frac{\alpha x}{2}-\sqrt{c^2-b^2}} & \text{für} \quad b^2 < c^2 \end{cases}$$

$$\int \cos\alpha x\cos bx\,\mathrm{d}x = \frac{\sin(a-b)x}{2(a-b)} + \frac{\sin(a+b)x}{2(a+b)} \qquad (|a| \neq |b|)$$

$$\boxed{\sin\alpha x,\ \cos\alpha x}$$

$$\int \sin\alpha x\cos\alpha x\,\mathrm{d}x = \frac{1}{2a}\sin^2\alpha x$$

$$\int \sin^n\alpha x\cos^m\alpha x\,\mathrm{d}x = \begin{cases} -\dfrac{\sin^{n-1}\alpha x\cos^{m+1}\alpha x}{a(n+m)} + \dfrac{n-1}{n+m}\int\sin^{n-2}\alpha x\cos^m\alpha x\,\mathrm{d}x & \text{senken der Potenz } n \\[4mm] \dfrac{\sin^{n+1}\alpha x\cos^{m-1}\alpha x}{a(n+m)} + \dfrac{m-1}{n+m}\int\sin^n\alpha x\cos^{m-2}\alpha x\,\mathrm{d}x & \text{senken der Potenz } m \end{cases} \qquad \begin{array}{l}(n,m \\ > 0)\end{array}$$

$$\int \frac{\mathrm{d}x}{\sin\alpha x\cos\alpha x} = \frac{1}{a}\ln|\tan\alpha x|$$

$$\int \frac{\mathrm{d}x}{\sin^n\alpha x\cos^m\alpha x} = \begin{cases} -\dfrac{1}{a(n-1)\sin^{n-1}\alpha x\cos^{m-1}\alpha x} + \dfrac{n+m-2}{n-1}\int\dfrac{\mathrm{d}x}{\sin^{n-2}\alpha x\cos^m\alpha x} & \text{senken der Potenz } n \\[4mm] \dfrac{1}{a(m-1)\sin^{n-1}\alpha x\cos^{m-1}\alpha x} + \dfrac{n+m-2}{m-1}\int\dfrac{\mathrm{d}x}{\sin^n\alpha x\cos^{m-2}\alpha x} & \text{senken der Potenz } m \end{cases} \qquad \begin{array}{l}(m>0, \\ n>1)\end{array}$$

$$\int \frac{\sin\alpha x}{\cos^n\alpha x}\,\mathrm{d}x = \frac{1}{a(n-1)\cos^{n-1}\alpha x} \qquad (n \neq 1)$$

$$\int \frac{\sin^n\alpha x}{\cos\alpha x}\,\mathrm{d}x = -\frac{\sin^{n-1}\alpha x}{a(n-1)} + \int\frac{\sin^{n-2}\alpha x}{\cos\alpha x}\,\mathrm{d}x \qquad (n \neq 1)$$

$$\int \frac{\sin^n\alpha x}{\cos^m\alpha x}\,\mathrm{d}x = \frac{\sin^{n-1}\alpha x}{a(m-1)\cos^{m-1}\alpha x} - \frac{n-1}{m-1}\int\frac{\sin^{n-2}\alpha x}{\cos^{m-2}\alpha x}\,\mathrm{d}x \qquad (m > 1)$$

$$\int \frac{\cos\alpha x}{\sin^n\alpha x}\,\mathrm{d}x = -\frac{1}{a(n-1)\sin^{n-1}\alpha x} \qquad (n \neq 1)$$

$$\int \frac{\cos^n\alpha x}{\sin\alpha x}\,\mathrm{d}x = \frac{\cos^{n-1}\alpha x}{a(n-1)} + \int\frac{\cos^{n-2}\alpha x}{\sin\alpha x}\,\mathrm{d}x \qquad (n \neq 1)$$

$$\int \frac{\cos^n\alpha x}{\sin^m\alpha x}\,\mathrm{d}x = -\frac{\cos^{n-1}\alpha x}{a(m-1)\sin^{m-1}\alpha x} - \frac{n-1}{m-1}\int\frac{\cos^{n-2}\alpha x}{\sin^{m-2}\alpha x}\,\mathrm{d}x \qquad (m > 1)$$

$$\int \frac{\mathrm{d}x}{b\sin\alpha x+c\cos\alpha x} = \frac{1}{a\sqrt{b^2+c^2}}\ln\left|\tan\left(\frac{1}{2}\left(\alpha x+\arcsin\frac{c}{\sqrt{b^2+c^2}}\right)\right)\right|$$

$$\int \sin\alpha x\cos bx\,\mathrm{d}x = -\frac{\cos(a+b)x}{2(a+b)} - \frac{\cos(a-b)x}{2(a-b)} \qquad (|a| \neq |b|)$$

$$\int \tan\alpha x\,\mathrm{d}x = -\frac{1}{a}\ln|\cos\alpha x|$$

$$\boxed{\tan\alpha x}$$

$$\int \tan^n\alpha x\,\mathrm{d}x = \frac{1}{a(n-1)}\tan^{n-1}\alpha x - \int\tan^{n-2}\alpha x\,\mathrm{d}x \qquad (n \neq 1)$$

$$\int \cot ax\, dx = \frac{1}{a}\ln|\sin ax|$$

$$\int \cot^n ax\, dx = -\frac{1}{a(n-1)}\cot^{n-1}ax - \int \cot^{n-2}ax\, dx \qquad (n \neq 1)$$

$\boxed{\cot ax}$

Integrale weiterer transzendenter Funktionen

$$\int \sinh^n ax\, dx = \frac{1}{an}\sinh^{n-1}ax\cosh ax - \frac{n-1}{n}\int \sinh^{n-2}ax\, dx \qquad (n>0)$$

$$\int \cosh^n ax\, dx = \frac{1}{an}\sinh ax\cosh^{n-1}ax + \frac{n-1}{n}\int \cosh^{n-2}ax\, dx \qquad (n>0)$$

$$\int \frac{dx}{\sinh ax} = \frac{1}{a}\ln\left|\tanh\frac{ax}{2}\right|$$

$$\int \frac{dx}{\cosh ax} = \frac{2}{a}\arctan e^{ax}$$

$$\int \tanh ax\, dx = \frac{1}{a}\ln\cosh ax$$

$$\int \coth ax\, dx = \frac{1}{a}\ln|\sinh ax|$$

$\boxed{\begin{array}{c}\sinh ax\\\cosh ax\\\tanh ax\\\coth ax\end{array}}$

$$\int e^{ax}\, dx = \frac{1}{a}e^{ax}$$

$$\int xe^{ax}\, dx = \frac{ax-1}{a^2}e^{ax}$$

$\boxed{e^{ax}}$

$$\int \frac{e^{ax}}{x}\, dx = \ln|ax| + \frac{ax}{1\cdot 1!} + \frac{(ax)^2}{2\cdot 2!} + \cdots + \frac{(ax)^n}{n\cdot n!} + \cdots = \mathrm{Ei}(ax) - C$$

$$\mathrm{Ei}(x) = \int_{-\infty}^{x} \frac{e^t}{t}\, dx \quad \text{heißt } \textit{Integralexponentialfunktion, } C \text{ ist die } \textit{Eulersche Konstante}$$

$$\int \frac{e^{ax}}{x^n}\, dx = -\frac{e^{ax}}{(n-1)x^{n-1}} + \frac{a}{n-1}\int \frac{e^{ax}}{x^{n-1}}\, dx \qquad (n \neq 1)$$

$$\int \frac{dx}{\ln x} = \ln|\ln x| + \frac{\ln x}{1\cdot 1!} + \frac{\ln^2 x}{2\cdot 2!} + \cdots + \frac{\ln^n x}{n\cdot n!} + \cdots = \mathrm{Ei}(\ln x) - C$$

$\boxed{\ln x}$

$$\int \frac{dx}{x\ln x} = \ln|\ln x|$$

$$\int \frac{dx}{\ln^n x} = -\frac{x}{(n-1)\ln^{n-1}x} + \frac{1}{n-1}\int \frac{dx}{\ln^{n-1}x} \qquad (n \neq 1)$$

$$\int \frac{\ln^n x}{x}\, dx = \frac{1}{n+1}\ln^{n+1}x$$

$$\int \frac{x^n}{\ln x}\, dx = \ln|\ln x| + \frac{(n+1)\ln x}{1\cdot 1!} + \frac{(n+1)^2\ln^2 x}{2\cdot 2!} + \cdots + \frac{(n+1)^k\ln^k x}{k\cdot k!} + \cdots$$

$$\int x^m\ln^n x\, dx = \frac{x^{m+1}\ln^n x}{m+1} - \frac{n}{m+1}\int x^m\ln^{n-1}x\, dx \qquad (m \neq -1,\ n \neq -1)$$

Tabelle bestimmter Integrale

$$\int_0^1 x^\alpha (1-x)^\beta \, dx = \frac{\Gamma(\alpha+1)\Gamma(\beta+1)}{\Gamma(\alpha+\beta+2)} \quad \text{1)}$$

$$\int_0^1 \frac{dx}{\sqrt{1-x^\alpha}} = \frac{\sqrt{\pi}\,\Gamma\left(\frac{1}{\alpha}\right)}{\alpha\Gamma\left(\frac{2+\alpha}{2\alpha}\right)} \quad \text{1)} \qquad (\alpha \neq 0)$$

$$\int_0^{\pi/2} \sin^{2\alpha+1} x \cos^{2\beta+1} x \, dx = \frac{\Gamma(\alpha+1)\Gamma(\beta+1)}{2\Gamma(\alpha+\beta+2)} \quad \text{1)}$$

$$\int_0^\infty \frac{\sin ax}{x} \, dx = \int_0^\infty \frac{\tan ax}{x} \, dx = \operatorname{sgn}(a)\frac{\pi}{2} \qquad (a \neq 0)$$

$$\int_0^\infty \frac{\sin x}{\sqrt{x}} \, dx = \int_0^\infty \frac{\cos x}{\sqrt{x}} \, dx = \sqrt{\frac{\pi}{2}}$$

$$\int_0^\infty \frac{\sin ax}{x^s} \, dx = \frac{\pi a^{s-1}}{2\Gamma(s)\sin \frac{s\pi}{2}} \quad \text{1)} \qquad (0 < s < 2)$$

$$\int_0^\infty \frac{\cos ax}{x^s} \, dx = \frac{\pi a^{s-1}}{2\Gamma(s)\cos \frac{s\pi}{2}} \quad \text{1)} \qquad (0 < s < 1)$$

$$\int_{-\infty}^\infty \sin(x^2) \, dx = \int_{-\infty}^\infty \cos(x^2) \, dx = \sqrt{\frac{\pi}{2}}$$

$$\int_0^{\pi/2} \ln \sin x \, dx = \int_0^{\pi/2} \ln \cos x \, dx = -\frac{\pi}{2}\ln 2$$

$$\int_0^\infty x^n e^{-ax} \, dx = \frac{\Gamma(n+1)}{a^{n+1}} \quad \text{1)} \qquad (a > 0,\ n > -1)$$

$$\int_0^\infty e^{-a^2 x^2} \, dx = \frac{\sqrt{\pi}}{2a} \qquad (a > 0)$$

$$\int_0^\infty x^n e^{-a^2 x^2} \, dx = \frac{\Gamma\left(\frac{n+1}{2}\right)}{2a^{n+1}} \quad \text{1)} \qquad (a > 0,\ n > -1)$$

$$\int_0^\infty \frac{x \, dx}{e^x \pm 1} = (3 \mp 1)\frac{\pi^2}{24}$$

$$\int_0^{\pi/2} \frac{\sin x \, dx}{\sqrt{1-k^2\sin^2 x}} = \frac{1}{2k}\ln\frac{1+k}{1-k} \qquad (|k| < 1)$$

$$\int_0^{\pi/2} \frac{\cos x \, dx}{\sqrt{1-k^2\sin^2 x}} = \frac{1}{k}\arcsin \qquad (|k| < 1)$$

---

1) $\Gamma(x)$ ist die Gammafunktion ▶ Spezielle Funktionen

Uneigentliche Integrale

Unbeschränkte Integranden

Die Funktion f habe an der Stelle $x = b$ eine Polstelle und sei beschränkt und integrierbar über jedem Intervall $[a, b - \varepsilon]$ mit $0 < \varepsilon < b - a$. Wenn das Integral von f über $[a, b - \varepsilon]$ für $\varepsilon \to 0$ einen Grenzwert besitzt, wird dieser *uneigentliches Integral* von f über $[a, b]$ genannt:

$$\int_a^b f(x)\,dx = \lim_{\varepsilon \to +0} \int_a^{b-\varepsilon} f(x)\,dx \; .$$

Hat die Funktion f an der Stelle $x = a$ eine Polstelle, ist sie beschränkt und integrierbar über jedem Intervall $[a + \varepsilon, b]$ und besitzt das Integral von f über $[a + \varepsilon, b]$ für $\varepsilon \to 0$ einen Grenzwert, so wird dieser Grenzwert ebenfalls *uneigentliches Integral* von f über $[a, b]$ genannt:

$$\int_a^b f(x)\,dx = \lim_{\varepsilon \to +0} \int_{a+\varepsilon}^b f(x)\,dx \; .$$

Hat die Funktion f an einem inneren Punkt c des Intervalls $[a, b]$ eine Polstelle, so ist das uneigentliche Integral von f über $[a, b]$ die Summe der uneigentlichen Integrale von f über $[a, c]$ und $[c, b]$:

$$\int_a^b f(x)\,dx = \lim_{\varepsilon \to +0} \int_a^{c-\varepsilon} f(x)\,dx + \lim_{\delta \to +0} \int_{c+\delta}^b f(x)\,dx \; .$$

Faßt man beide Grenzwerte zusammen, so kann sich das Ergebnis ändern. Der resultierende Grenzwert wird als *Cauchyscher Hauptwert* "V.p." bezeichnet:

$$\mathrm{V.p.} \int_a^b f(x)\,dx = \lim_{\varepsilon \to +0} \left[\int_a^{c-\varepsilon} f(x)\,dx + \int_{c+\varepsilon}^b f(x)\,dx \right] \; .$$

Unbeschränkte Intervalle

Die Funktion f sei für $x \geq a$ definiert und über jedem Intervall $[a, b]$ integrierbar. Wenn der Grenzwert des Integrals von f über $[a, b]$ für $b \to \infty$ existiert, so wird er *uneigentliches Integral* von f über $[a, \infty)$ genannt. Analog wird für $a \to -\infty$ verfahren.

$$\int_a^\infty f(x)\,dx = \lim_{b \to \infty} \int_a^b f(x)\,dx \; , \qquad\qquad \int_{-\infty}^b f(x)\,dx = \lim_{a \to -\infty} \int_a^b f(x)\,dx \; .$$

Sind beide Intervallgrenzen unbeschränkt, so definiert man das *uneigentliche Integral* und den *Cauchyschen Hauptwert* als

$$\int_{-\infty}^\infty f(x)\,dx = \lim_{a \to -\infty} \int_a^c f(x)\,dx + \lim_{b \to \infty} \int_c^b f(x)\,dx \; , \qquad \mathrm{V.p.} \int_{-\infty}^\infty f(x)\,dx = \lim_{b \to \infty} \int_{-b}^b f(x)\,dx \; .$$

Parameterintegrale

Ist $f(x, t)$ für $a \le x \le b$, $c \le t \le d$ für festes t bezüglich x über $[a, b]$ integrierbar, so ist

$$F(t) = \int_a^b f(x, t)\, dx$$

eine Funktion von t, die als *Parameterintegral* - Parameter ist t - bezeichnet wird.

- Ist $f(x, t)$ für $a \le x \le b$, $c \le t \le d$ stetig, so ist auch $F(t)$ für $c \le t \le d$ stetig.

- Ist f nach t partiell differenzierbar und die partielle Ableitung $\partial_t f$ stetig, so ist die Funktion $F(t)$ nach t differenzierbar und es gilt

$$\dot{F}(t) = \int_a^b \partial_t f(x, t)\, dx \; .$$

- Sind φ und ψ zwei für $c \le t \le d$ stetige und differenzierbare Funktionen und ist die Funktion $f(x, t)$ in dem durch $\varphi(t) < x < \psi(t)$, $c \le t \le d$ bestimmten Gebiet partiell nach t differenzierbar mit stetiger partieller Ableitung, so ist das Parameterintegral über f mit den Grenzen $\varphi(t)$ und $\psi(t)$ für $c \le t \le d$ nach t differenzierbar und es gilt

$$F(t) = \int_{\varphi(t)}^{\psi(t)} f(x, t)\, dx \quad \Rightarrow \quad \dot{F}(t) = \int_{\varphi(t)}^{\psi(t)} \partial_t f(x, t)\, dx + f(\psi(t), t)\dot{\psi}(t) - f(\varphi(t), t)\dot{\varphi}(t) \; .$$

- Spezialfall: $F(x) = \int_0^x f(\xi)\, d\xi \quad \Rightarrow \quad F'(x) = f(x)$

Linienintegrale 1. Art

Analog der Definition des bestimmten Integrals einer Funktion f über einem Intervall $[a, b]$ durch beliebig feine Zerlegungen des Intervalls gelangt man durch Betrachtung beliebig feiner Zerlegungen einer Kurve zum Begriff des *Kurvenintegrals oder Linienintegrals 1. Art* einer Funktion $f = f(x, y, z)$ über einer Kurve K:

$$I = \int_K f\, ds \; .$$

- Ist K eine stückweise glatte räumliche Kurve mit der Parameterdarstellung $x = x(t)$, $y = y(t)$, $z = z(t)$, $u \le t \le v$, so gilt (für Kurven in der x,y-Ebene ist $z \equiv 0$ zu setzen):

$$\int_K f(x, y, z)\, ds = \int_u^v f(x(t), y(t), z(t)) \sqrt{\dot{x}^2(t) + \dot{y}^2(t) + \dot{z}^2(t)}\, dt \; .$$

- Ist K eine stückweise glatte Kurve der x,y-Ebene der Darstellung $y = y(x)$, $a \le x \le b$, so ist

$$\int_K f(x, y)\, ds = \int_a^b f(x, y(x)) \sqrt{1 + (y'(x))^2}\, dx \; .$$

Linienelemente

ebene Kurve in x,y-Ebene	kartesische Koordinaten x, $y = y(x)$	$ds = \sqrt{1 + (y'(x))^2}\, dx$
	Polarkoordinaten φ, $r = r(\varphi)$	$ds = \sqrt{r^2(\varphi) + (r'(\varphi))^2}\, d\varphi$
	Parameterdarstellung in kartes. Koordinaten $\quad x = x(t)$, $\quad y = y(t)$	$ds = \sqrt{\dot{x}^2(t) + \dot{y}^2(t)}\, dt$
Raumkurve	Parameterdarstellung in kartes. Koordinaten $\quad x = x(t)$, $\quad y = y(t)$, $\quad z = z(t)$	$ds = \sqrt{\dot{x}^2(t) + \dot{y}^2(t) + \dot{z}^2(t)}\, dt$

Anwendungen

Kurven			
Länge L	$L = \int\limits_K ds$		
Masse M (ρ..Massendichte)	$M = \int\limits_K dm = \int\limits_K \rho\, ds$		
Schwerpunktskoordinaten			
homogene Kurve	$x_S = \dfrac{1}{L} \int\limits_K x\, ds$	$y_S = \dfrac{1}{L} \int\limits_K y\, ds$	$z_S = \dfrac{1}{L} \int\limits_K z\, ds$
Kurve mit Massendichte ρ	$x_S = \dfrac{1}{M} \int\limits_K x\rho\, ds$	$y_S = \dfrac{1}{M} \int\limits_K y\rho\, ds$	$z_S = \dfrac{1}{M} \int\limits_K z\rho\, ds$
Trägheitsmomente bzgl. der Koordinatenachsen (ρ...Linien-Massendichte)			
ebene Kurve der x,y-Ebene	$J_x = \int\limits_K y^2\rho\, ds$	$J_y = \int\limits_K x^2\rho\, ds$	
Raumkurve	$J_x = \int\limits_K (y^2 + z^2)\rho\, ds$	$J_y = \int\limits_K (x^2 + z^2)\rho\, ds$	$J_z = \int\limits_K (x^2 + y^2)\rho\, ds$
homogene Kurve	setze $\rho = 1$		
Flächen (Flächeninhalt A)			
ebene Fläche zwischen x-Achse und Kurve $y(x)$	$A = \int\limits_a^b y(x)\, dx$		
Sektorfläche zwischen Nullpunkt und Kurve $r(\varphi)$ im Winkelbereich zwischen α und β	$A = \dfrac{1}{2} \int\limits_\alpha^\beta r^2(\varphi)\, d\varphi$		
Rotationsfläche bei Rotation um x-Achse	$A = 2\pi \int\limits_K y\, ds$		
erste Guldinsche Regel für Rotationsflächen y_S..Schwerpunkt, L..Länge der rotierenden Kurve	$A = 2\pi y_S L$		
Körper (Volumen V)			
Rotationskörper bei Rotation der Kurve $y(x)$ um die x-Achse	$V = \pi \int\limits_a^b y^2(x)\, dx$		
zweite Guldinsche Regel für Rotationskörper y_S..Schwerpunkt, A..Inhalt der rotierenden Fläche	$V = 2\pi y_S A$		

Gewöhnliche Differentialgleichungen

Begriffe

Die allgemeine Form einer gewöhnlichen Differentialgleichung n-ter Ordnung ist

$$F(x, y, y', \ldots, y^{(n)}) = 0 \qquad \textit{implizite} \text{ Form,}$$

$$y^{(n)} = f(x, y, y', \ldots, y^{(n-1)}) \qquad \textit{explizite} \text{ Form.}$$

Jede C^n–Funktion (eine n-mal stetig differenzierbare Funktion) $y(x)$, die die Differentialgleichung für alle x, $a \leq x \leq b$, erfüllt, heißt Lösung der Differentialgleichung im Intervall $[a, b]$. Sind für mehrere unbekannte Funktionen mehrere Gleichungen, die deren Ableitungen enthalten, gegeben, so spricht man von einem *System* gewöhnlicher Differentialgleichungen. Die Gesamtheit aller Lösungen einer Differentialgleichung oder eines Systems wird als *allgemeine Lösung* bezeichnet.

- Eine Differentialgleichung oder ein System heißt *autonom*, falls die Differentialgleichung oder das System nicht explizit von x abhängt. Die Lösungskurven werden dann *Trajektorien* genannt.

- Sind an der Stelle $x = a$ zusätzliche Bedingungen an die Lösung gestellt, so spricht man von einer *Anfangswertaufgabe*.

- Sind an den Stellen a und b zusätzliche Bedingungen an die Lösung gestellt, so spricht man von einer *Randwertaufgabe*.

Zurückführung auf Systeme 1. Ordnung

Eine gewöhnliche Differentialgleichung

$$y^{(n)} = f(x, y, y', \ldots, y^{(n-1)})$$

kann durch die folgenden Substitutionen auf ein System gewöhnlicher Differentialgleichungen 1. Ordnung transformiert werden:

$$y_1(x) := y(x), \qquad y_2(x) := y'(x), \qquad y_3(x) := y''(x), \ldots, \qquad y_n(x) := y^{(n-1)}(x).$$

Es ergibt sich das System

$$\begin{aligned} y_1' &= y_2 \\ y_2' &= y_3 \\ &\;\;\vdots \\ y_n' &= f(x, y_1, y_2, \ldots, y_n). \end{aligned} \qquad\qquad \text{vektorielle Schreibweise:} \quad \mathbf{y}' = \mathbf{f}(x, \mathbf{y})$$

Differentialgleichungen 1. Ordnung

$$y' = f(x,y) \quad \text{oder} \quad P(x,y) + Q(x,y)\,y' = 0 \quad \text{oder} \quad P(x,y)\,dx + Q(x,y)\,dy = 0$$

Ordnet man jedem Punkt der x,y-Ebene die durch $f(x,y)$ gegebene Tangentenrichtung der Lösungskurven zu, so entsteht das *Richtungsfeld*. Die Kurven gleicher Richtungen des Richtungsfeldes sind die *Isoklinen*.

Die Differentialgleichung $y' = f(y)$

Auf einem Intervall, wo die Lösung $y(x)$ dieser autonomem Differentialgleichung existiert und monoton ist, erhält man über die Differentialgleichung der inversen Funktion $x(y)$ die Lösung in expliziter Form bezüglich x, falls man die Integration ausführen kann:

$$x'(y) = \frac{1}{f(y)} \quad \Rightarrow \quad x = \int \frac{dy}{f(y)} = \varphi(y) + C \ .$$

Separierbare Differentialgleichungen

Ist die Differentialgleichung von der Form

$$y' = r(x)s(y) \quad \text{bzw.} \quad P(x) + Q(y)\,y' = 0 \quad \text{bzw.} \quad P(x)\,dx + Q(y)\,dy = 0 \ ,$$

so kann sie stets zu

$$R(x)\,dx = S(y)\,dy \qquad \dots \qquad \textit{Trennung der Veränderlichen}$$

umgeformt werden. Durch "formales Integrieren" erhält man die allgemeine Lösung:

$$\int R(x)\,dx = \int S(y)\,dy \quad \Rightarrow \quad \varphi(x) = \psi(y) + C \ .$$

Differentialgleichungen mit homogenen Koeffizienten

Eine Funktion $\varphi(x,y)$ heißt *homogen vom Grad n*, wenn $\varphi(\lambda x, \lambda y) = \lambda^n \varphi(x,y)$ gilt. Sind die Koeffizienten $P(x,y)$, $Q(x,y)$ der Dgl. homogen vom gleichen Grad, so kann man sie zu

$$F(\tfrac{y}{x})\,dx + dy = 0$$

umformen. Nach der Substitution $v = \frac{y}{x}$ entsteht die separierbare Differentialgleichung

$$\frac{dx}{x} + \frac{dv}{v + F(v)} = 0 \ .$$

Differentialgleichungen mit linearen Koeffizienten

Ist die Differentialgleichung von der Form

$$(ax + by)\,dx + (dx + ey)\,dy = 0 \ ,$$

so ist sie eine Differentialgleichung mit homogenen Koeffizienten, denn die Koeffizienten-Funktionen $P(x,y) = ax + b$ und $Q(x,y) = dx + ey$ sind beide homogen vom Grad 1.

Differentialgleichung mit affin linearen Koeffizienten $(ax + by + c)\,dx + (dx + ey + f)\,dy = 0$

* Sie wird für $D := ae - bd \neq 0$ durch die Substitution

$$\begin{array}{ll} x = \xi + h \\ y = \eta + h \end{array} \quad \text{mit} \quad \begin{array}{l} h = (bf - ce)/D \\ k = (cd - af)/D \end{array}$$

auf die Differentialgleichung mit linearen Koeffizienten

$$(a\xi + b\eta)\,d\xi + (d\xi + e\eta)\,d\eta = 0$$

transformiert.

* Im Fall $D = 0$ führt die Substitution $z = ax + by$ auf eine separierbare Dgl.

Lineare Differentialgleichungen erster Ordnung $\quad y' + a(x)y = r(x)$

Diese Differentialgleichung heißt für $r(x) \neq 0$ *inhomogen* und für $r(x) \equiv 0$ *homogen*. Ihre allgemeine Lösung hat die Form

$$y(x) = y_h(x) + y_p(x)$$

mit

$\qquad y_h(x) \;\ldots\;$ allgemeine Lösung der zugehörigen homogenen Dgl. $y' + a(x)y = 0$

$\qquad y_p(x) \;\ldots\;$ spezielle (partikuläre) Lösung der inhomogenen Dgl. $y' + a(x)y = r(x)$

* Die Lösung $y_h(x)$ der zugehörigen homogenen Differentialgleichung wird durch Trennung der Veränderlichen ermittelt. Man erhält

$$y_h(x) = C\,e^{-\int a(x)\,dx}.$$

* Eine spezielle Lösung $y_p(x)$ der inhomogenen Differentialgleichung erhält man durch den Ansatz $y_p(x) = C(x)e^{-\int a(x)\,dx}$. Es ergibt sich für die unbekannte Funktion $C(x)$ des Ansatzes

$$C(x) = \int r(x)e^{\int a(x)\,dx}\,dx\ .$$

Bernoullische Differentialgleichung $\quad y' + p(x)y = q(x)y^n$

* Sie wird für $n = 1$ durch Trennung der Veränderlichen gelöst.

* Sie geht für $n \neq 1$ durch die Substitution $v(x) = y^{1-n}$ in die lineare Dgl. erster Ordnung

$$v' + (1 - n)p(x)v = (1 - n)q(x)$$

über.

Riccatische Differentialgleichung $y' + p(x)y + q(x)y^2 = r(x)$

Ist eine partikuläre Lösung y_p bekannt, so läßt sich auch die allgemeine Lösung bestimmen. Die folgende lineare Differentialgleichung entsteht durch die Substitution $u(x) = \dfrac{1}{y(x) - y_p(x)}$:

$$u' - [p(x) + 2q(x)y_p(x)]u = q(x) \ .$$

Exakte Differentialgleichungen

Eine Differentialgleichung der Form $P(x,y)\,dx + Q(x,y)\,dy = 0$ heißt *exakt*, wenn das Vektorfeld

$$\mathbf{v}(x,y) = \begin{pmatrix} P(x,y) \\ Q(x,y) \end{pmatrix}$$

ein Potential φ hat. Das ist für stetig differenzierbare P, Q genau dann der Fall, wenn gilt:

$$\partial_x Q = \partial_y P \quad \dots \quad \textit{Integrabilitätsbedingung.}$$

Gilt die Integrabilitätsbedingung, so kann die Potentialfunktion φ auf unterschiedliche Arten bestimmt werden:

- Aus $\mathbf{v} = \mathbf{grad}\ \varphi$, d.h. aus $P = \partial_x\varphi$, $\quad Q = \partial_y\varphi$ durch Vergleich von

$$\varphi(x,y) = \int P(x,y)\,dx + C_1(y) \quad \text{und} \quad \varphi(x,y) = \int Q(x,y)\,dy + C_2(x) \ .$$

- Durch das Linienintegral 2. Art

$$\varphi(x,y) = \int\limits_{(x_0,y_0)}^{(x,y)} \mathbf{v} \cdot \mathbf{dx}$$

über eine die Punkte $P(x_0,y_0)$ und $P(x,y)$ verbindende stückweise C^1-Kurve.

Die Lösung der Differentialgleichung lautet $\varphi(x,y) = C$.

Integrierender Faktor für die Differentialgleichung $P(x,y)\,dx + Q(x,y)\,dy = 0$

Die Differentialgleichung sei nicht exakt. In den folgenden beiden Fällen (es gibt weitere) läßt sich ein Faktor $m(x,y)$ so bestimmen, daß die mit ihm multiplizierte Differentialgleichung exakt ist und anschließend als solche gelöst werden kann:

- Die Funktion $a := \dfrac{\partial_x Q - \partial_y P}{Q}$ hängt nur von x ab. Dann lautet der *integrierende Faktor*

$$m(x) = e^{-\int a(x)\,dx} \ .$$

- Die Funktion $b := \dfrac{\partial_x Q - \partial_y P}{P}$ hängt nur von y ab. Dann lautet der *integrierende Faktor*

$$m(y) = e^{\int b(y)\,dy} \ .$$

Differentialgleichungen 2. Ordnung

Die Differentialgleichung $y'' = f(x, y')$

Die Substitution $z(x) = y'(x)$ führt auf die Differentialgleichung erster Ordnung $z' = f(x, z)$. Kann man diese lösen, so gilt mit ihrer Lösung $z = z(x, C_1)$:

$$y(x) = \int z(x, C_1)\, dx = \varphi(x, C_1) + C_2 \ .$$

Die Differentialgleichung $y'' = f(y)$

Nach Multiplikation mit y' läßt sich diese autonome Differentialgleichung einmal integrieren. Man erhält eine Differentialgleichung erster Ordnung vom Typ $y' = \varphi(y)$:

$$y' = \pm\sqrt{2(F(y) + C_1)} \quad \text{mit} \quad \int f(y)\, dy = F(y) + C_1 \ .$$

Die Differentialgleichung $y'' = f(y, y')$

Auf einem Intervall, wo die Lösung $y(x)$ dieser autonomen Dgl. monoton ist, existiert die inverse Funktion $x(y)$. Die Substitution $v(y) = y'(x(y))$ führt auf die Dgl. 1. Ordnung

$$v'(y) = \frac{1}{v(y)} f(y, v(y)) \ .$$

Kann man diese lösen, so erhält man aus ihrer Lösung $v = v(y, C_1)$ die allgemeine Lösung in expliziter Form bzgl. x:

$$x = \int \frac{dy}{v(y, C_1)} = \varphi(y, C_1) + C_2 \ .$$

Lineare Differentialgleichungen

$$a_n(x)y^{(n)} + \cdots + a_1(x)y' + a_0(x)y = r(x) \quad \text{... lineare Differentialgleichung } n\text{-ter Ordnung}$$

◆ Für $r(x) \equiv 0$ heißt die Differentialgleichung *homogen*, andernfalls *inhomogen*.

◆ Ist $y_h(x)$ die allgemeine Lösung der homogenen Dgl. und $y_p(x)$ eine spezielle (partikuläre) Lösung der inhomogenen Dgl., so ist die allgemeine Lösung der inhomogenen Dgl.

$$y(x) = y_h(x) + y_p(x) \ .$$

◆ Sind alle Koeffizientenfunktionen a_k stetig, so gibt es n Funktionen y_k, $k = 1, ..., n$, so daß die allgemeine Lösung y_h der homogenen Dgl. die folgende Form hat:

$$y_h(x) = C_1 y_1(x) + C_2 y_2(x) + \cdots + C_n y_n(x) \ .$$

Das Funktionensystem $\{y_1, y_2, ..., y_n\}$ heißt *Fundamentalsystem* der Differentialgleichung.

- Die Funktionen $y_1, \ldots, y_n$ bilden genau dann ein Fundamentalsystem, wenn jede dieser Funktionen y_k Lösung der homogenen Differentialgleichung ist und wenn es mindestens eine Stelle $x_0 \in \mathbb{R}$ gibt, für die die sogenannte *Wronski-Determinante*

$$W(x) := \begin{vmatrix} y_1(x) & y_2(x) & \cdots & y_n(x) \\ y_1'(x) & y_2'(x) & \cdots & y_n'(x) \\ \vdots & \vdots & \ddots & \vdots \\ y_1^{(n-1)}(x) & y_2^{(n-1)}(x) & \cdots & y_n^{(n-1)}(x) \end{vmatrix}$$

von Null verschieden ist.

- Ein Fundamentalsystem $\{y_1, \ldots, y_n\}$ läßt sich durch Lösung der folgenden n Anfangswertaufgaben $(k = 1, \ldots, n)$ gewinnen:

$$a_n(x)y_k^{(n)} + \cdots + a_1(x)y_k' + a_0(x)y_k = 0$$

$$y_k^{(i)}(x_0) = \begin{cases} 0 & \text{für } i \neq k-1 \\ 1 & \text{für } i = k-1 \end{cases} \qquad (i = 0, 1, \ldots, n-1)$$

- *Erniedrigung der Ordnung.* Ist eine spezielle Lösung y_1 der homogenen Dgl. n-ter Ordnung bekannt, so führt die Substitution $y(x) = y_1(x)\int z(x)\,dx$ von der Dgl. n-ter Ordnung (homogen oder inhomogen) auf eine lineare Dgl. $(n-1)$-ter Ordnung für $z(x)$.

- *Variation der Konstanten.* Ist $\{y_1, \ldots, y_n\}$ ein Fundamentalsystem, so erhält man über den Ansatz

$$y_p(x) = C_1(x)y_1(x) + \cdots + C_n(x)y_n(x)$$

eine spezielle Lösung der inhomogenen Differentialgleichung, indem man die Ableitungen der Funktionen $C_1, \ldots, C_n$ als Lösungen des linearen Gleichungssystems

$$\begin{aligned} y_1 C_1' + y_2 C_2' + \cdots + y_n C_n' &= 0 \\ y_1' C_1' + y_2' C_2' + \cdots + y_n' C_n' &= 0 \\ &\vdots \\ y_1^{(n-2)} C_1' + y_2^{(n-2)} C_2' + \cdots + y_n^{(n-2)} C_n' &= 0 \\ y_1^{(n-1)} C_1' + y_2^{(n-1)} C_2' + \cdots + y_n^{(n-1)} C_n' &= \frac{r(x)}{a_n(x)} \end{aligned}$$

bestimmt und anschließend durch Integration die Funktionen $C_1, \ldots, C_n$.

Eulersche Differentialgleichung

$$a_n x^n y^{(n)} + \cdots + a_1 xy' + a_0 y = r(x) \quad \text{mit Konstanten } a_0, \ldots, a_n$$

- Die Substitution $x = e^\xi$ führt auf eine lineare Dgl. mit konstanten Koeffizienten für die Funktion $y(\xi)$. Nach deren Lösung ist die Rücksubstitution $\xi = \ln x$ anzuwenden.

- Die charakteristische Gleichung der entstehenden Dgl. mit konstanten Koeffizienten lautet

$$a_n \lambda(\lambda - 1) \cdots (\lambda - n + 1) + \cdots + a_2 \lambda(\lambda - 1) + a_1 \lambda + a_0 = 0 .$$

Lineare Differentialgleichungen mit konstanten Koeffizienten

$$a_n y^{(n)} + \cdots + a_1 y' + a_0 = r(x) \quad \text{mit Konstanten } a_0, \ldots, a_n$$

- *Allgemeine Lösung* y_h *der homogenen Differentialgleichung.* Die n Funktionen y_k des Fundamentalsystems werden über den Ansatz $y = e^{\lambda x}$ bestimmt. Die n Werte λ_k sind die Nullstellen des charakteristischen Polynoms

$$a_n \lambda^n + \cdots + a_1 \lambda + a_0 = 0 \quad \ldots \quad \textit{charakteristische Gleichung.}$$

Zu den n Nullstellen λ_k der charakteristischen Gleichung lassen sich die n Funktionen des Fundamentalsystems nach folgender Tabelle bestimmen

Art der Nullstelle	Ordnung der Nullstelle	Funktionen des Fundamentalsystems
λ_k reell	einfach	$e^{\lambda_k x}$
	p-fach	$e^{\lambda_k x}, \ x e^{\lambda_k x}, \ldots, \ x^{p-1} e^{\lambda_k x}$
$\lambda_k = a \pm ib$ konjugiert komplex	einfach	$e^{ax} \sin bx, \ e^{ax} \cos bx$
	p-fach	$e^{ax} \sin bx, \ x e^{ax} \sin bx, \ \ldots, \ x^{p-1} e^{ax} \sin bx$ $e^{ax} \cos bx, \ x e^{ax} \cos bx, \ \ldots, \ x^{p-1} e^{ax} \cos bx$

Die allgemeine Lösung der homogenen Differentialgleichung ist

$$y_h(x) = C_1 y_1(x) + C_2 y_2(x) + \cdots + C_n y_n(x)$$

- *Spezielle Lösung* y_p *der inhomogenen Differentialgleichung.* Für einfache Struktur der Inhomogenität r kann y_p durch einen Ansatz gemäß folgender Tabelle bestimmt werden.

$r(x)$	Ansatz für $y_p(x)$	Ansatz im *Resonanzfall*
$A_m x^m + \cdots + A_1 x + A_0$	$b_m x^m + \cdots + b_1 x + b_0$	Wenn ein Summand des Ansatzes Lösung der homogenen Differential-
$A e^{\alpha x}$	$a e^{\alpha x}$	gleichung ist, so wird der Ansatz so oft mit x multipliziert, bis kein Sum-
$A \sin \omega x$ $B \cos \omega x$ $A \sin \omega x + B \cos \omega x$	$a \sin \omega x + b \cos \omega x$	mand mehr Lösung der homogenen Differentialgleichung ist.
Kombination dieser Funktionen	entsprechende Kombination der Ansätze	Obige Regel ist nur auf den Teil des Ansatzes anzuwenden, der den Resonanzfall enthält.

Weitere Methoden: Variation der Konstanten, Greensche Funktion, Zurückführung auf System erster Ordnung, formale Operatortechnik.

- Die allgemeine Lösung der Differentialgleichung ist

$$y(x) = y_h(x) + y_p(x) \, .$$

Systeme 1. Ordnung mit konstanten Koeffizienten

$$
\begin{aligned}
y_1' &= a_{11}y_1 + \cdots + a_{1n}y_n + r_1(x) \\
&\;\;\vdots \\
y_n' &= a_{n1}y_1 + \cdots + a_{nn}y_n + r_n(x)
\end{aligned}
\qquad
\begin{aligned}
a_{ij} &\quad \ldots \text{ Konstanten} \\
y_j &= y_j(x) \; \ldots \text{ gesuchte Funktionen}
\end{aligned}
$$

Vektorielle Schreibweise:

$$
\mathbf{y}' = \mathbf{A}\mathbf{y} + \mathbf{r} \quad \text{mit} \quad
\mathbf{y} = \begin{pmatrix} y_1 \\ \vdots \\ y_n \end{pmatrix}, \quad
\mathbf{y}' = \begin{pmatrix} y_1' \\ \vdots \\ y_n' \end{pmatrix}, \quad
\mathbf{r} = \begin{pmatrix} r_1(x) \\ \vdots \\ r_n(x) \end{pmatrix}, \quad
\mathbf{A} = \begin{pmatrix} a_{11} & \cdots & a_{1n} \\ \vdots & \ddots & \vdots \\ a_{n1} & \cdots & a_{nn} \end{pmatrix}.
$$

- Die allgemeine Lösung hat die Form $\mathbf{y}(x) = \mathbf{y}_h(x) + \mathbf{y}_p(x)$. Dabei ist $\mathbf{y}_h$ die allgemeine Lösung des homogenen Systems $\mathbf{y}' = \mathbf{A}\mathbf{y}$ und $\mathbf{y}_p$ eine spezielle Lösung des inhomogenen Systems $\mathbf{y}' = \mathbf{A}\mathbf{y} + \mathbf{r}$.

- *Fall 1*: $\mathbf{A}$ sei diagonalisierbar und habe nur reelle Eigenwerte λ_k, $k = 1, \ldots, n$ (mehrfache Eigenwerte werden entsprechend mehrfach gezählt). Es seien $\mathbf{v}_k$, $k = 1, \cdots, n$, zugehörige reelle Eigenvektoren. Dann ist die allgemeine Lösung des homogenen Systems

$$
\mathbf{y}_h(x) = C_1 e^{\lambda_1 x} \mathbf{v}_1 + \cdots + C_n e^{\lambda_n x} \mathbf{v}_n \quad .
$$

- *Fall 2*: $\mathbf{A}$ diagonalisierbar. Es können konjugiert komplexe Eigenwerte $\lambda_k = \alpha + i\beta$, $\lambda_{k+1} = \alpha - i\beta$ mit zugehörigen konjugiert komplexen Eigenvektoren $\mathbf{v}_k = \mathbf{a} + i\mathbf{b}$, $\mathbf{v}_{k+1} = \mathbf{a} - i\mathbf{b}$ auftreten. Dann sind in der allgemeinen Lösung $\mathbf{y}_h$ des homogenen Systems die Terme mit den Indizes k und $k+1$ wie folgt zu ersetzen:

$$
\mathbf{y}_h(x) = \cdots + C_k e^{\alpha x}(\mathbf{a}\cos\beta x - \mathbf{b}\sin\beta x) + C_{k+1} e^{\alpha x}(\mathbf{a}\sin\beta x + \mathbf{b}\cos\beta x) + \cdots \quad .
$$

- *Fall 3*: $\mathbf{A}$ nicht diagonalisierbar. Es sei $\mathbf{V}$ die Matrix, die die Ähnlichkeitstransformation der Matrix $\mathbf{A}$ auf die Jordansche Normalform vermittelt. Unter Beachtung der Dimensionen n_k der Jordanblöcke $\mathbf{J}(\lambda_k, n_k)$, $k = 1, \ldots, s$, wird $\mathbf{V}$ spaltenweise geschrieben:

$$
\mathbf{V} = (\mathbf{v}_{11}, \ldots, \mathbf{v}_{1n_1}, \ldots, \mathbf{v}_{k1}, \ldots, \mathbf{v}_{kn_k}, \ldots, \mathbf{v}_{s1}, \ldots, \mathbf{v}_{sn_s}) \quad .
$$

Die allgemeine Lösung des homogenen Systems lautet dann:

$$
\mathbf{y}_h(x) = \cdots + C_{k1} e^{\lambda_k x}\mathbf{v}_{k1} + C_{k2} e^{\lambda_k x}\left[\frac{x}{1!}\mathbf{v}_{k1} + \mathbf{v}_{k2}\right] + \cdots
$$

$$
+ C_{kn_k} e^{\lambda_k x}\left[\frac{x^{n_k-1}}{(n_k-1)!}\mathbf{v}_{k1} + \cdots + \frac{x}{1!}\mathbf{v}_{k,n_k-1} + \mathbf{v}_{kn_k}\right] + \cdots
$$

Berechnung der Eigenvektoren $\mathbf{v}_{k1}$: $(\mathbf{A} - \lambda_k \mathbf{E})\mathbf{v}_{k1} = 0$
Berechnung der *Hauptvektoren* $\mathbf{v}_{kj}$: $(\mathbf{A} - \lambda_k \mathbf{E})\mathbf{v}_{kj} = \mathbf{v}_{k,j-1}$ $(j = 2, \ldots, n_k)$

Treten komplexe Eigenwerte auf, so ist entsprechend Fall 2 zu verfahren.

- Die spezielle Lösung $\mathbf{y}_p$ des *inhomogenen* Systems ist durch Variation der Konstanten oder durch Ansatz entsprechend der Tabelle für Dgln. mit konstanten Koeffizienten zu ermitteln. Dabei sind in *allen* Komponenten *alle* Anteile des Vektors $r(x)$ zu berücksichtigen.

Reihen

Endliche Reihen

Arithmetische Reihe: $\quad a_{n+1} = a_n + c \implies \sum_{n=1}^{N} a_n = \dfrac{N(a_1 + a_N)}{2}$

Geometrische Reihe: $\quad a_{n+1} = q a_n \implies \sum_{n=1}^{N} a_n = a_1 \dfrac{q^N - 1}{q - 1} \quad (q \neq 1)$

Spezielle endliche Reihen

$$1 + 2 + 3 + \cdots + n = \frac{n(n+1)}{2}$$

$$1 + 3 + 5 + \cdots + (2n - 1) = n^2$$

$$2 + 4 + 6 + \cdots + 2n = n(n+1)$$

$$1^2 + 2^2 + 3^2 + \cdots + n^2 = \frac{n(n+1)(2n+1)}{6}$$

$$1^2 + 3^2 + \cdots + (2n - 1)^2 = \frac{n(4n^2 - 1)}{3}$$

$$1^3 + 2^3 + 3^3 + \cdots + n^3 = \frac{n^2(n+1)^2}{4}$$

$$1^3 + 3^3 + \cdots + (2n - 1)^3 = n^2(2n^2 - 1)$$

$$1 + x + x^2 + \cdots + x^n = \frac{x^{n+1} - 1}{x - 1} \qquad \text{(geometrische Reihe, ▶ Potenzreihen)}$$

$$\sin x + \sin 2x + \cdots + \sin nx = \frac{\cos \frac{x}{2} - \cos(n + \frac{1}{2})x}{2 \sin \frac{x}{2}}$$

$$\cos x + \cos 2x + \cdots + \cos nx = \frac{\sin(n + \frac{1}{2})x - \sin \frac{x}{2}}{2 \sin \frac{x}{2}}$$

Unendliche Reihen

$$a_1 + a_2 + a_3 + \cdots = \sum_{k=1}^{\infty} a_k$$

Partialsummen:
$$
\begin{aligned}
a_1 &= s_1 \\
a_1 + a_2 &= s_2 \\
&\vdots \\
a_1 + a_2 + \cdots + a_n &= s_n
\end{aligned}
$$

Die unendliche Reihe $\sum_{k=1}^{\infty} a_k$ heißt *konvergent*, wenn die Folge $\{s_n\}$ der Partialsummen konvergiert. Gegebenenfalls heißt der Grenzwert s der Partialsummen *Summe* der Reihe:

$$s := \sum_{k=1}^{\infty} a_k := \lim_{n \to \infty} s_n$$

Ist die Folge $\{s_n\}$ der Partialsummen divergent, so heißt die Reihe $\sum_{k=1}^{\infty} a_k$ *divergent*.

Konvergenzkriterien

Alternierende Reihen

Die Reihe $\sum\limits_{n=1}^{\infty} a_n$ heißt *alternierend*, wenn ihre Glieder abwechselnd positiv und negativ sind.

- *Leibniz-Kriterium*: Gilt für die Glieder einer alternierenden Reihe $|a_n| \geq |a_{n+1}|$ für $n = 1, 2, \ldots$ und $\lim\limits_{n \to \infty} |a_n| = 0$, so ist sie konvergent.

Reihen mit nichtnegativen Gliedern

Betrachtet werden Reihen der Form $\sum\limits_{n=1}^{\infty} a_n$ mit $a_n \geq 0$ für $n = 1, 2, \ldots$

- Eine Reihe mit nichtnegativen Gliedern konvergiert genau dann, wenn die Folge $\{s_n\}$ der Partialsummen nach oben beschränkt ist.

- *Vergleichskriterium.* Aus $0 \leq a_n \leq b_n$ für $n = 1, 2, \ldots$ folgt:
  1. Wenn $\sum\limits_{n=1}^{\infty} b_n$ konvergent, dann auch $\sum\limits_{n=1}^{\infty} a_n$ konvergent.
  2. Wenn $\sum\limits_{n=1}^{\infty} a_n$ divergent, dann auch $\sum\limits_{n=1}^{\infty} b_n$ divergent.

- *Quotientenkriterium.*
  Variante 1. Gilt $\dfrac{a_{n+1}}{a_n} \leq q$ mit $0 < q < 1$ für $n = 1, 2, \ldots$, so konvergiert die Reihe $\sum\limits_{n=1}^{\infty} a_n$,

  gilt $\dfrac{a_{n+1}}{a_n} \geq 1$ für $n = 1, 2, \ldots$, so divergiert sie.

  Variante 2. Gilt $\lim\limits_{n \to \infty} \dfrac{a_{n+1}}{a_n} < 1$, so konvergiert die Reihe $\sum\limits_{n=1}^{\infty} a_n$,

  gilt $\lim\limits_{n \to \infty} \dfrac{a_{n+1}}{a_n} > 1$, so divergiert sie.

- *Wurzelkriterium.*
  Variante 1. Gilt $\sqrt[n]{a_n} \leq$ mit $0 < \lambda < 1$ für $n = 1, 2, \ldots$, so konvergiert die Reihe $\sum\limits_{n=1}^{\infty} a_n$,

  gilt $\sqrt[n]{a_n} \geq 1$, für $n = 1, 2, \ldots$, so divergiert sie.

  Variante 2. Gilt $\lim\limits_{n \to \infty} \sqrt[n]{a_n} < 1$, so konvergiert die Reihe $\sum\limits_{n=1}^{\infty} a_n$,

  gilt $\lim\limits_{n \to \infty} \sqrt[n]{a_n} > 1$, so divergiert sie.

- *Integralkriterium.* Für die Glieder der Reihe $\sum\limits_{n=1}^{\infty} a_n$ gelte $a_1 \geq a_2 \geq \cdots \geq 0$, und sie seien darstellbar als $a_n = a(n)$ mit einer monoton fallenden, stetigen Funktion $a \mid [1, \infty) \to \mathbb{R}$. Unter diesen Voraussetzungen ist die Reihe $\sum\limits_{n=1}^{\infty} a_n$ genau dann konvergent, wenn das uneigentliche Integral $\int\limits_{1}^{\infty} a(x)\,dx$ konvergiert.

Reihen mit beliebigen Gliedern

* Konvergiert die Reihe $\sum\limits_{n=1}^{\infty} a_n$, so gilt notwendig $\lim\limits_{n\to\infty} a_n = 0$.

* *Cauchy-Kriterium.* Die Reihe $\sum\limits_{n=1}^{\infty} a_n$ ist genau dann konvergent, wenn es zu jeder reellen Zahl $\varepsilon > 0$ eine Zahl $n(\varepsilon) \in \mathbb{N}$ gibt, so daß für alle $n > n(\varepsilon)$ und jede Zahl $k \in \mathbb{N}$ gilt:

$$\left| a_n + a_{n+1} + \cdots + a_{n+k} \right| < \varepsilon .$$

* Eine Reihe $\sum\limits_{n=1}^{\infty} a_n$ heißt *absolut konvergent*, wenn die Reihe $\sum\limits_{n=1}^{\infty} |a_n|$ konvergiert.

* Die Reihe $\sum\limits_{n=1}^{\infty} a_n$ ist konvergent, wenn sie absolut konvergent ist.

Umformung von Reihen

* Werden endlich viele Glieder einer Reihe entfernt oder hinzugefügt, so ändert sich das Konvergenzverhalten der Reihe nicht.

* Konvergente Reihen bleiben konvergent, wenn man sie gliedweise addiert, subtrahiert oder mit einer Konstante multipliziert:

$$\sum\limits_{n=1}^{\infty} a_n = s, \quad \sum\limits_{n=1}^{\infty} b_n = t \;\Rightarrow\; \sum\limits_{n=1}^{\infty} (a_n \pm b_n) = s \pm t, \quad \sum\limits_{n=1}^{\infty} (ca_n) = cs .$$

* In einer absolut konvergenten Reihe kann die Reihenfolge der Glieder beliebig verändert werden. Sie bleibt dabei konvergent, und die Summe bleibt gleich.

Summen spezieller Reihen

$$1 - \frac{1}{2} + \frac{1}{3} \mp \cdots + \frac{(-1)^{n+1}}{n} + \cdots = \ln 2$$

$$1 + \frac{1}{1!} + \frac{1}{2!} + \cdots + \frac{1}{n!} + \cdots = e$$

$$1 - \frac{1}{3} + \frac{1}{5} \mp \cdots + \frac{(-1)^{n+1}}{2n-1} + \cdots = \frac{\pi}{4}$$

$$1 - \frac{1}{1!} + \frac{1}{2!} \mp \cdots + \frac{(-1)^{n}}{n!} + \cdots = \frac{1}{e}$$

$$1 + \frac{1}{2} + \frac{1}{4} + \cdots + \frac{1}{2^n} + \cdots = 2$$

$$\frac{1}{1 \cdot 2} + \frac{1}{2 \cdot 3} + \cdots + \frac{1}{n(n+1)} + \cdots = 1$$

$$1 - \frac{1}{2} + \frac{1}{4} \mp \cdots + \frac{(-1)^{n}}{2^n} + \cdots = \frac{2}{3}$$

$$\frac{1}{1 \cdot 3} + \frac{1}{2 \cdot 4} + \cdots + \frac{1}{n(n+2)} + \cdots = \frac{3}{4}$$

$$1 + \frac{1}{2^2} + \frac{1}{3^2} + \cdots + \frac{1}{n^2} + \cdots = \frac{\pi^2}{6}$$

$$\frac{1}{1 \cdot 3} + \frac{1}{3 \cdot 5} + \cdots + \frac{1}{(2n-1)(2n+1)} + \cdots = \frac{1}{2}$$

$$1 - \frac{1}{2^2} + \frac{1}{3^2} \mp \cdots + \frac{(-1)^{n+1}}{n^2} + \cdots = \frac{\pi^2}{12}$$

$$1 + \frac{1}{3^2} + \frac{1}{5^2} + \cdots + \frac{1}{(2n-1)^2} + \cdots = \frac{\pi^2}{8}$$

Funktionenreihen

Eine unendliche Reihe, deren Glieder Funktionen sind, wird *Funktionenreihe* genannt:

$$f_1(x) + f_2(x) + \cdots = \sum_{k=1}^{\infty} f_k(x) \ , \qquad\qquad \textit{Partialsummen: } \ s_n(x) := \sum_{k=1}^{n} f_k(x) \ .$$

Der Durchschnitt aller Definitionsbereiche der Funktionen f_k ist der *Definitionsbereich D* der Funktionenreihe. Die Funktionenreihe heißt *konvergent* für einen Wert $x \in D$, wenn die Folge $\{s_n(x)\}$ der Partialsummen für $x \in D$ konvergiert, andernfalls heißt sie *divergent*. Gegebenenfalls wird der Grenzwert mit $s(x)$ bezeichnet. Alle $x \in D$, für welche die Funktionenreihe konvergiert, bilden den *Konvergenzbereich* der Funktionenreihe. Vereinfachend sei angenommen, daß D der Konvergenzbereich ist. Die Zuordnung $x \to s(x)$ wird *Grenzfunktion* $s \,|\, D \ \to \ \mathbb{R}$ genannt:

$$\sum_{k=1}^{\infty} f_k(x) = \lim_{n \to \infty} s_n(x) = s(x) \ .$$

Die Funktionenreihe $\displaystyle\sum_{k=1}^{\infty} f_k(x)$ heißt *gleichmäßig konvergent in D*, wenn die Folge $\{s_n\}$ der Partialsummen gleichmäßig konvergiert.

- *Kriterium von Weierstraß.* Die Funktionenreihe $\displaystyle\sum_{n=1}^{\infty} f_n(x)$ konvergiert gleichmäßig in D, wenn es eine konvergente Reihe $\displaystyle\sum_{n=1}^{\infty} a_n$ gibt, so daß für alle $n \in \mathbb{N}$ und alle $x \in D$ gilt:

$$|f_n(x)| \le a_n \ .$$

Eigenschaften gleichmäßig konvergenter Reihen

- Sind an der Stelle $x_0 \in D$ alle Funktionen f_n, $n \in \mathbb{N}$, stetig, und ist die Reihe $\displaystyle\sum_{n=1}^{\infty} f_n(x)$ gleichmäßig konvergent in D, so ist auch die Summe $s(x)$ der Reihe an der Stelle x_0 stetig.

- Sind die Funktionen f_n, $n \in \mathbb{N}$, im Intervall $[a, b]$ stetig und ist die Reihe $\displaystyle\sum_{n=1}^{\infty} f_n(x)$ in $[a, b]$ gleichmäßig konvergent mit der Summe $s(x)$, so kann die Reihe gliedweise integriert werden:

$$\int_a^b s(x)\, \mathrm{d}x = \int_a^b \sum_{n=1}^{\infty} f_n(x)\, \mathrm{d}x = \sum_{n=1}^{\infty} \int_a^b f_n(x)\, \mathrm{d}x \ .$$

- Es seien die Funktionen f_n, $n \in \mathbb{N}$, im Intervall $[a, b]$ stetig differenzierbar, die Reihe $\displaystyle\sum_{n=1}^{\infty} f_n(x)$ konvergent mit der Summe $s(x)$ und die Reihe $\displaystyle\sum_{n=1}^{\infty} f_n'(x)$ in $[a, b]$ gleichmäßig konvergent. Dann ist s stetig differenzierbar, und die Reihe $\displaystyle\sum_{n=1}^{\infty} f_n(x)$ kann gliedweise differenziert werden:

$$s'(x) = \frac{\mathrm{d}}{\mathrm{d}x} \sum_{n=1}^{\infty} f_n(x) = \sum_{n=1}^{\infty} f_n'(x) \ .$$

Potenzreihen

Funktionenreihen, deren Glieder die Form $f_n(x) = a_n(x - x_0)^n$, $n \in \mathbb{N}$, haben, werden *Potenzreihen* mit dem *Mittelpunkt* x_0 genannt. Durch die Verschiebung $x := x - x_0$ entstehen Potenzreihen mit dem Mittelpunkt Null, die im weiteren dargestellt werden. Im Konvergenzgebiet stellt die Potenzreihe eine Funktion $s(x)$ dar:

$$a_0 + a_1 x + a_2 x^2 + \cdots \equiv \sum_{n=0}^{\infty} a_n x^n = s(x) \ .$$

Ist diese Potenzreihe weder für alle $x \neq 0$ divergent und noch für alle x konvergent, so gibt es genau eine reelle Zahl $r > 0$, genannt *Konvergenzradius*, so daß die Potenzreihe für $|x| < r$ konvergiert und für $|x| > r$ divergiert. Zusätzlich wird gesetzt: $r = 0$, wenn die Potenzreihe nur für $x = 0$ konvergiert, oder $r = \infty$, wenn sie für alle $x \in \mathbb{R}$ konvergiert.

Berechnung des Konvergenzradius

* Ist die Folge $\left\{ \left| \dfrac{a_n}{a_{n+1}} \right| \right\}$

  konvergent , so gilt $r = \lim\limits_{n \to \infty} \left| \dfrac{a_n}{a_{n+1}} \right|$,

  bestimmt divergent gegen $+\infty$, so gilt $r = \infty$.

* Ist die Folge $\left\{ \sqrt[n]{|a_n|} \right\}$

  konvergent gegen Null, so gilt $r = \infty$,

  konvergent nicht gegen Null, so gilt $r = \dfrac{1}{\lim\limits_{n \to \infty} \sqrt[n]{|a_n|}}$,

  bestimmt divergent gegen $+\infty$, so gilt $r = 0$.

Eigenschaften

Es sei $r > 0$ der Konvergenzradius der betrachteten Potenzreihe.

* Eine Potenzreihe ist für jede Zahl $x \in (-r, r)$ absolut konvergent.

* Eine Potenzreihe konvergiert gleichmäßig in jedem abgeschlossenen Intervall, das ganz im offenen Intervall $(-r, r)$ liegt.

* Die Summe $s(x)$ einer Potenzreihe ist im Intervall $(-r, r)$ beliebig oft differenzierbar. Die Ableitungen können durch gliedweise Differentiation erhalten werden:

$$s(x) = \sum_{n=0}^{\infty} a_n x^n \quad \Rightarrow \quad s'(x) = \sum_{n=1}^{\infty} n a_n x^{n-1} \ .$$

◆ Eine Potenzreihe kann im Intervall $[0, t]$ oder $[t, 0]$ mit $|t| < r$ gliedweise integriert werden:

$$s(x) = \sum_{n=0}^{\infty} a_n x^n \quad \Rightarrow \quad \int_0^t s(x)\,dx = \sum_{n=0}^{\infty} a_n \int_0^t x^n\,dx = \sum_{n=0}^{\infty} a_n \frac{t^{n+1}}{n+1} \; .$$

◆ Wenn die Potenzreihen $\sum_{n=0}^{\infty} a_n x^n$ und $\sum_{n=0}^{\infty} b_n x^n$ im gleichen Intervall $|x| < r$ konvergieren und dort die gleichen Summen haben, so sind beide Potenzreihen identisch, d.h., es gilt $a_n = b_n$ für $n = 0, 1, \ldots$

Analytische Funktionen, Taylorreihe

Eine Funktion $f \mid D \to \mathbb{R}$, $D \subset \mathbb{R}$, heißt *im Punkt* x_0 *analytisch*, wenn sie Summe einer Potenzreihe mit Mittelpunkt x_0 und Konvergenzradius $r > 0$ ist:

$$f(x) = \sum_{n=0}^{\infty} a_n (x - x_0)^n \; .$$

◆ Sind die Funktionen f und g analytisch in x_0, so sind auch die Funktionen $f \pm g$, $f \cdot g$ und im Fall $g(x_0) \neq 0$ auch die Funktion f/g analytisch in x_0.

◆ Ist die Funktion f in x_0 analytisch, so ist f in x_0 beliebig oft differenzierbar, und es gilt $f^{(n)}(x_0) = n! a_n$ und

$$f(x) = \sum_{n=0}^{\infty} \frac{f^{(n)}(x_0)}{n!}(x - x_0)^n \quad \ldots \textit{Taylorreihe.}$$

◆ Ist f in einer Umgebung von x_0 beliebig oft differenzierbar und konvergiert das Restglied der Taylor-Formel für ein $x \neq x_0$ gegen null, so hat die Taylorreihe einen Konvergenzradius $r > 0$ und die Funktion f ist im Punkt x_0 analytisch.

Tabelle einiger Potenzreihen

Funktion	Potenzreihe, Taylorreihe	Konvergenzbereich
$(1+x)^{\alpha}$	$1 + \alpha x + \dfrac{\alpha(\alpha-1)}{2!}x^2 + \dfrac{\alpha(\alpha-1)(\alpha-2)}{3!}x^3 + \cdots \quad (\alpha > 0)$	$|x| \leq 1$
$\sqrt{1+x}$	$1 + \dfrac{1}{2}x - \dfrac{1 \cdot 1}{2 \cdot 4}x^2 + \dfrac{1 \cdot 1 \cdot 3}{2 \cdot 4 \cdot 6}x^3 - \dfrac{1 \cdot 1 \cdot 3 \cdot 5}{2 \cdot 4 \cdot 6 \cdot 8}x^4 \pm \cdots$	$|x| \leq 1$
$\sqrt[3]{1+x}$	$1 + \dfrac{1}{3}x - \dfrac{1 \cdot 2}{3 \cdot 6}x^2 + \dfrac{1 \cdot 2 \cdot 5}{3 \cdot 6 \cdot 9}x^3 - \dfrac{1 \cdot 2 \cdot 5 \cdot 8}{3 \cdot 6 \cdot 9 \cdot 12}x^4 \pm \cdots$	$|x| \leq 1$
$\dfrac{1}{(1+x)^{\alpha}}$	$1 - \alpha x + \dfrac{\alpha(\alpha+1)}{2!}x^2 - \dfrac{\alpha(\alpha+1)(\alpha+2)}{3!}x^3 \pm \cdots \quad (\alpha > 0)$	$|x| < 1$
$\dfrac{1}{1+x}$	$1 - x + x^2 - x^3 + x^4 - x^5 \pm \cdots$	$|x| < 1$
$\dfrac{1}{(1+x)^2}$	$1 - 2x + 3x^2 - 4x^3 + 5x^4 - 6x^5 \pm \cdots$	$|x| < 1$
$\dfrac{1}{(1+x)^3}$	$1 - \dfrac{1}{2}(2 \cdot 3x - 3 \cdot 4x^2 + 4 \cdot 5x^3 - 5 \cdot 6x^4 \pm \cdots)$	$|x| < 1$

Funktion	Potenzreihe, Taylorreihe B_n sind die Bernoullischen Zahlen ► Konstanten	Konvergenz-bereich
$\dfrac{1}{\sqrt{1+x}}$	$1-\dfrac{1}{2}x+\dfrac{1\cdot 3}{2\cdot 4}x^2-\dfrac{1\cdot 3\cdot 5}{2\cdot 4\cdot 6}x^3+\dfrac{1\cdot 3\cdot 5\cdot 7}{2\cdot 4\cdot 6\cdot 8}x^4\mp\cdots$	$|x|<1$
$\dfrac{1}{\sqrt[3]{1+x}}$	$1-\dfrac{1}{3}x+\dfrac{1\cdot 4}{3\cdot 6}x^2-\dfrac{1\cdot 4\cdot 7}{3\cdot 6\cdot 9}x^3+\dfrac{1\cdot 4\cdot 7\cdot 10}{3\cdot 6\cdot 9\cdot 12}x^4\mp\cdots$	$|x|<1$
$\sin x$	$x-\dfrac{1}{3!}x^3+\dfrac{1}{5!}x^5-\dfrac{1}{7!}x^7\pm\cdots+(-1)^n\dfrac{1}{(2n+1)!}x^{2n+1}\pm\cdots$	$|x|<\infty$
$\cos x$	$1-\dfrac{1}{2!}x^2+\dfrac{1}{4!}x^4-\dfrac{1}{6!}x^6\pm\cdots+(-1)^n\dfrac{1}{(2n)!}x^{2n}\pm\cdots$	$|x|<\infty$
$\tan x$	$x+\dfrac{1}{3}x^3+\dfrac{2}{15}x^5+\cdots+\dfrac{2^{2n}(2^{2n}-1)}{(2n)!}B_nx^{2n-1}+\cdots$	$|x|<\dfrac{\pi}{2}$
$\cot x$	$\dfrac{1}{x}-\dfrac{1}{3}x-\dfrac{1}{45}x^3-\dfrac{2}{945}x^5-\cdots-\dfrac{2^{2n}}{(2n)!}B_nx^{2n-1}-\cdots$	$0<|x|<\pi$
$\arcsin x$	$x+\dfrac{1}{2\cdot 3}x^3+\dfrac{1\cdot 3}{2\cdot 4\cdot 5}x^5+\cdots+\dfrac{1\cdot 3\cdots(2n-1)}{2\cdot 4\cdots(2n)(2n+1)}x^{2n+1}+\cdots$	$|x|<1$
$\arccos x$	$\dfrac{\pi}{2}-x-\dfrac{1}{2\cdot 3}x^3-\cdots-\dfrac{1\cdot 3\cdots(2n-1)}{2\cdot 4\cdots(2n)(2n+1)}x^{2n+1}-\cdots$	$|x|<1$
$\arctan x$	$x-\dfrac{1}{3}x^3+\dfrac{1}{5}x^5-\dfrac{1}{7}x^7\pm\cdots+(-1)^n\dfrac{1}{2n+1}x^{2n+1}\pm\cdots$	$|x|<1$
$\arctan x$	$\dfrac{\pi}{2}-\dfrac{1}{x}+\dfrac{1}{3x^3}-\dfrac{1}{5x^5}\pm\cdots+(-1)^{n+1}\dfrac{1}{(2n+1)x^{2n+1}}\pm\cdots$	$x>1$
$\text{arc cot}\,x$	$\dfrac{\pi}{2}-x+\dfrac{1}{3}x^3-\dfrac{1}{5}x^5\pm\cdots+(-1)^{n+1}\dfrac{1}{2n+1}x^{2n+1}\pm\cdots$	$|x|<1$
e^x	$1+\dfrac{1}{1!}x+\dfrac{1}{2!}x^2+\cdots+\dfrac{1}{n!}x^n+\cdots$	$|x|<\infty$
a^x	$1+\dfrac{\ln a}{1!}x+\dfrac{\ln^2 a}{2!}x^2+\cdots+\dfrac{\ln^n a}{n!}x^n+\cdots$	$|x|<\infty$
$\ln(1+x)$	$x-\dfrac{1}{2}x^2+\dfrac{1}{3}x^3-\dfrac{1}{4}x^4\pm\cdots+(-1)^{n+1}\dfrac{1}{n}x^n\pm\cdots$	$-1<x\le 1$
$\sinh x$	$x+\dfrac{1}{3!}x^3+\dfrac{1}{5!}x^5+\cdots+\dfrac{1}{(2n+1)!}x^{2n+1}+\cdots$	$|x|<\infty$
$\cosh x$	$1+\dfrac{1}{2!}x^2+\dfrac{1}{4!}x^4+\cdots+\dfrac{1}{(2n)!}x^{2n}+\cdots$	$|x|<\infty$
$\tanh x$	$x-\dfrac{1}{3}x^3+\dfrac{2}{15}x^5\mp\cdots+(-1)^{n+1}\dfrac{2^{2n}(2^{2n}-1)}{(2n)!}B_nx^{2n-1}\pm\cdots$	$|x|<\dfrac{\pi}{2}$
$\coth x$	$\dfrac{1}{x}+\dfrac{1}{3}x-\dfrac{1}{45}x^3\pm\cdots+(-1)^{n+1}\dfrac{2^{2n}}{(2n)!}B_nx^{2n-1}\pm\cdots$	$0<|x|<\pi$
$\text{arsinh}\,x$	$x-\dfrac{1}{2\cdot 3}x^3\pm\cdots+(-1)^n\dfrac{1\cdot 3\cdots(2n-1)}{2\cdot 4\cdots(2n)(2n+1)}x^{2n+1}\pm\cdots$	$|x|<1$
$\text{arcosh}\,x$	$\ln(2x)-\dfrac{1}{2\cdot 2x^2}-\dfrac{1\cdot 3}{2\cdot 4\cdot 4x^4}-\cdots-\dfrac{1\cdot 3\cdots(2n-1)}{2\cdot 4\cdots(2n)(2n)x^{2n}}-\cdots$	$x>1$
$\text{artanh}\,x$	$x+\dfrac{1}{3}x^3+\dfrac{1}{5}x^5+\cdots+\dfrac{1}{2n+1}x^{2n+1}+\cdots$	$|x|<1$
$\text{arcoth}\,x$	$\dfrac{1}{x}+\dfrac{1}{3x^3}+\dfrac{1}{5x^5}+\cdots+\dfrac{1}{(2n+1)x^{2n+1}}+\cdots$	$|x|>1$

Fourierreihen

Reihen der Form

$$a_0 + a_1\cos x + b_1\sin x + \cdots + a_k\cos kx + b_k\sin kx + \cdots = a_0 + \sum_{k=1}^{\infty} (a_k\cos kx + b_k\sin kx)$$

heißen *trigonometrische* Reihen. Notwendig für die Darstellung einer Funktion f als trigonometrische Reihe

$$f(x) = a_0 + \sum_{k=1}^{\infty} (a_k\cos kx + b_k\sin kx)$$

ist die *Periodizitätsbedingung* $f(x+2\pi) = f(x)$. Bereits unter schwachen Voraussetzungen an die Konvergenzart der Reihe oder an die Funktion f erweist sich, daß Funktion und Reihe durch die Beziehungen

$$a_0 = \frac{1}{2\pi} \int_0^{2\pi} f(x)\,\mathrm{d}x, \quad a_k = \frac{1}{\pi} \int_0^{2\pi} f(x)\cos kx\,\mathrm{d}x, \quad b_k = \frac{1}{\pi} \int_0^{2\pi} f(x)\sin kx\,\mathrm{d}x$$

verknüpft sind. Die so gebildeten Koeffizienten der Reihe heißen *Fourierkoeffizienten*, die mit ihnen gebildete Reihe heißt *Fourierreihe*. Die Partialsummen der Fourierreihe sind

$$s_n(x) = a_0 + \sum_{k=1}^{n} (a_k\cos kx + b_k\sin kx) .$$

Symmetrie-Eigenschaften

- f gerade Funktion, d.h. $\qquad f(-x) = f(x) \quad \Rightarrow \quad b_n = 0 \quad$ für $\quad n = 1, 2, \ldots$

- f ungerade Funktion, d.h. $\quad f(-x) = -f(x) \quad \Rightarrow \quad a_n = 0 \quad$ für $\quad n = 0, 1, 2, \ldots$

Periode $\neq 2\pi$

Hat f die Periode $2l$, so führt die Substitution $x = \frac{l\xi}{\pi}$ auf eine Funktion in ξ mit der Periode 2π. Es entsteht die allgemeinere Fourierreihe

$$f(x) = a_0 + \sum_{k=1}^{\infty} (a_k\cos\frac{\pi x}{l} + b_k\sin\frac{\pi x}{l})$$

mit

$$a_0 = \frac{1}{2l} \int_0^{2l} f(x)\,\mathrm{d}x, \quad a_k = \frac{1}{l} \int_0^{2l} f(x)\cos\frac{k\pi x}{l}\,\mathrm{d}x, \quad b_k = \frac{1}{l} \int_0^{2l} f(x)\sin\frac{k\pi x}{l}\,\mathrm{d}x \ \cdot$$

Konvergenzeigenschaften

- Existiert $\int_0^{2\pi} f^2(x)\,dx$, so konvergiert die Fourierreihe im quadratischen Mittel gegen f:

$$\lim_{n\to\infty} \int_0^{2\pi} (f(x) - s_n(x))^2\,dx = 0 \ .$$

- Ist f im Intervall $[0, 2\pi]$ differenzierbar, wobei endlich viele Stellen ausgenommen sein können, und existiert $\int_0^{2\pi} (f'(x))^2\,dx$, so konvergiert die Fourierreihe zu f für alle $x \in [0, 2\pi]$.

- *Satz von Dirichlet.* Das Intervall $[0, 2\pi]$ sei in endlich viele Teilintervalle zerlegbar, in denen die Funktion f stetig und monoton ist. Ferner sollen an den Unstetigkeitsstellen x der links- und rechtsseitige Grenzwert

$$f(x-0) = \lim_{u\to x-0} f(u) \quad \text{und} \quad f(x+0) = \lim_{u\to x+0} f(u)$$

existieren. Dann konvergiert die Fourierreihe zu f für alle $x \in [0, 2\pi]$, und es gilt

$$\lim_{n\to\infty} s_n(x) = \begin{cases} f(x) & \text{falls } f \text{ in } x \text{ stetig} \\ \frac{1}{2}(f(x-0) + f(x+0)) & \text{sonst} \end{cases}$$

Approximationseigenschaft

- Existiert $\int_0^{2\pi} f^2(x)\,dx$, so sind die Fourierkoeffizienten Lösung der Extremwertaufgabe

$$\int_0^{2\pi} (f(x) - s_n(x))^2\,dx \to \min_{a_0,\dots,a_n,b_1,\dots,b_n} \ .$$

Tabelle einiger Fourierreihen

Die Funktionen sind in einem Grundintervall der Länge 2π definiert und mit der Periode 2π fortgesetzt.

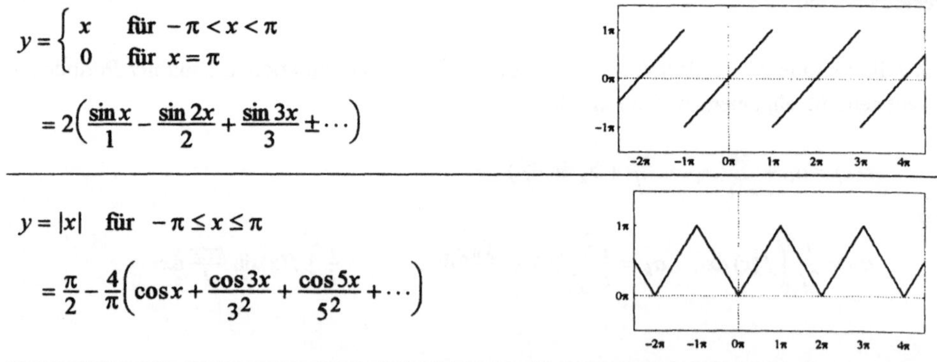

$y = \begin{cases} x & \text{für } -\pi < x < \pi \\ 0 & \text{für } x = \pi \end{cases}$ $\quad = 2\left(\dfrac{\sin x}{1} - \dfrac{\sin 2x}{2} + \dfrac{\sin 3x}{3} \pm \cdots\right)$	
$y = |x| \quad \text{für } -\pi \le x \le \pi$ $\quad = \dfrac{\pi}{2} - \dfrac{4}{\pi}\left(\cos x + \dfrac{\cos 3x}{3^2} + \dfrac{\cos 5x}{5^2} + \cdots\right)$	

$$y = \begin{cases} x & \text{für } 0 < x < 2\pi \\ \pi & \text{für } x = 0 \end{cases}$$

$$= \pi - 2\left(\frac{\sin x}{1} + \frac{\sin 2x}{2} + \frac{\sin 3x}{3} + \cdots\right)$$

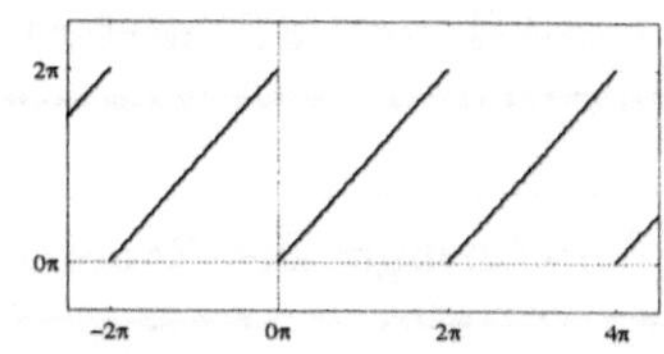

$$y = \begin{cases} x & \text{für } -\frac{\pi}{2} \le x \le \frac{\pi}{2} \\ \pi - x & \text{für } \frac{\pi}{2} \le x \le \frac{3\pi}{2} \end{cases}$$

$$= \frac{4}{\pi}\left(\frac{\sin x}{1^2} - \frac{\sin 3x}{3^2} + \frac{\sin 5x}{5^2} \pm \cdots\right)$$

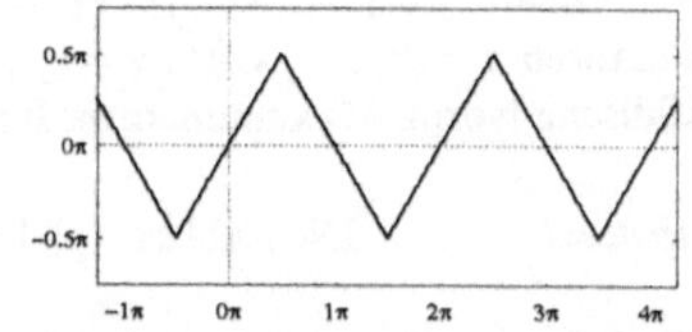

$$y = \begin{cases} -\alpha & \text{für } -\pi < x < 0 \\ \alpha & \text{für } 0 < x < \pi \\ 0 & \text{für } x = 0, \pi \end{cases}$$

$$= \frac{4\alpha}{\pi}\left(\frac{\sin x}{1} + \frac{\sin 3x}{3} + \frac{\sin 5x}{5} + \cdots\right)$$

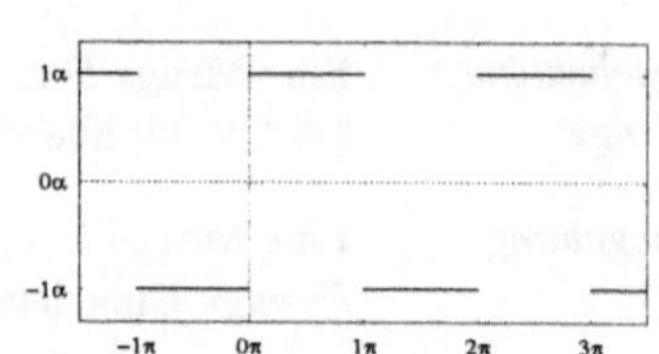

$$y = x^2 \quad \text{für} \quad -\pi \le x \le \pi$$

$$= \frac{\pi^2}{3} - 4\left(\frac{\cos x}{1^2} - \frac{\cos 2x}{2^2} + \frac{\cos 3x}{3^2} \pm \cdots\right)$$

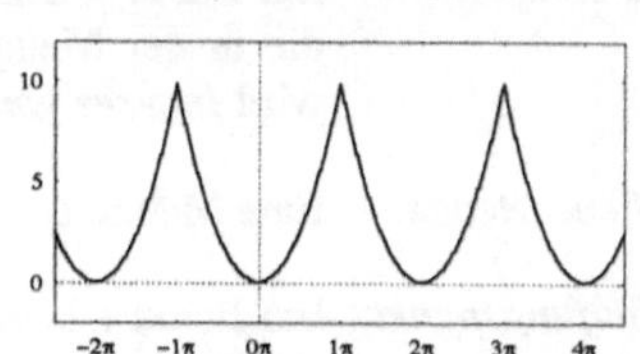

$$y = x(\pi - |x|) \quad \text{für} \quad -\pi \le x \le \pi$$

$$= \frac{8}{\pi}\left(\frac{\sin x}{1^3} + \frac{\sin 3x}{3^3} + \frac{\sin 5x}{5^3} + \cdots\right)$$

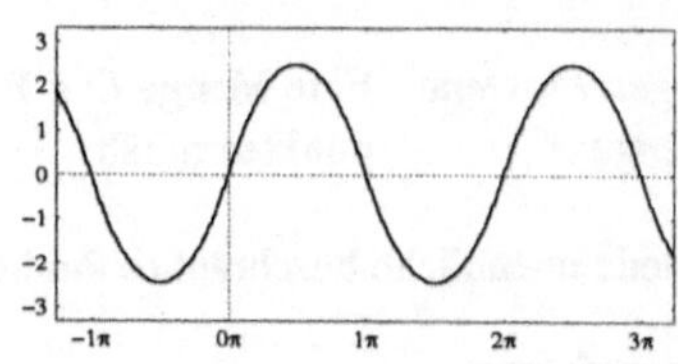

$$y = |\sin x| \quad \text{für} \quad -\pi \le x \le \pi$$

$$= \frac{2}{\pi} - \frac{4}{\pi}\left(\frac{\cos 2x}{1 \cdot 3} + \frac{\cos 4x}{3 \cdot 5} + \frac{\cos 6x}{5 \cdot 7} + \cdots\right)$$

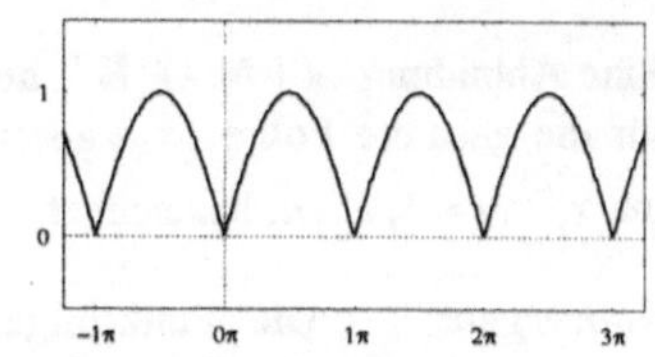

$$y = \begin{cases} -\cos x & \text{für } -\pi < x < 0 \\ \cos x & \text{für } 0 < x < \pi \\ 0 & \text{für } x = 0, \pi \end{cases}$$

$$= \frac{4}{\pi}\left(\frac{2\sin 2x}{1 \cdot 3} + \frac{4\sin 4x}{3 \cdot 5} + \frac{6\sin 6x}{5 \cdot 7} + \cdots\right)$$

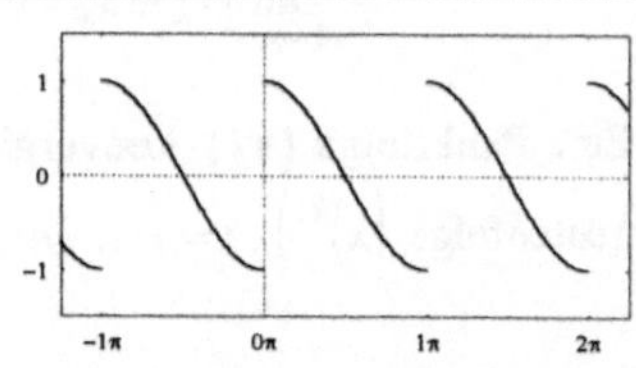

Funktionen mit mehreren Variablen

Punktmengen des Raumes $\mathbb{R}^n$

Die Punkte $P(x_1,\dots,x_n), Q(y_1,\dots,y_n)$ des n-dimensionalen Raumes $\mathbb{R}^n$ werden mit den Vektoren $\mathbf{x} = (x_1,\dots,x_n)^T$, $\mathbf{y} = (y_1,\dots,y_n)^T$ identifiziert. Mit $\|\mathbf{x}\|$ wird eine Vektornorm (Euklidische Norm, Maximumnorm, Betragssummennorm) bezeichnet.

Abstand: Die Zahl $\|\mathbf{x} - \mathbf{y}\|$ heißt *Abstand* der zwei Punkte $\mathbf{x},\mathbf{y}$ des $\mathbb{R}^n$.

Die folgenden Begriffe sind unabhängig von der verwendeten Vektornorm.

beschränkte Menge: Eine Menge $D \subset \mathbb{R}^n$ heißt *beschränkt*, falls es eine Zahl R gibt, so daß $\|\mathbf{x}\| \le R$ für alle $\mathbf{x} \in D$ gilt.

Umgebung: Eine Menge $U(\mathbf{x})$ heißt *Umgebung* des Punktes $\mathbf{x} \in \mathbb{R}^n$, falls sie eine *kugelförmige* Umgebung $U_\varepsilon(\mathbf{x}) := \{\mathbf{y}\,|\,\|\mathbf{y} - \mathbf{x}\| < \varepsilon|\;\}$ des Punktes $\mathbf{x}$ enthält.

Inneres: Ein Punkt $\mathbf{x}$ heißt *innerer Punkt* von D, wenn es eine Umgebung $U(\mathbf{x})$ gibt, die in der Menge D enthalten ist. Die Menge aller inneren Punkte von D wird *Inneres von D* genannt und mit $\text{int}(D)$ bezeichnet.

offene Menge: Eine Menge $D \in \mathbb{R}^n$ heißt *offen*, wenn $\text{int}(D) = D$ gilt.

Häufungspunkt: Ein Punkt $\mathbf{x}$ heißt *Häufungspunkt* von D, wenn jede Umgebung $U(\mathbf{x})$ Punkte aus D enthält, die von $\mathbf{x}$ verschieden sind.

abgeschlossene Menge: Eine Menge $D \in \mathbb{R}^n$ heißt *abgeschlossen*, wenn sie jeden ihrer Häufungspunkte enthält.

♦ Jede unendliche beschränkte Punktmenge des $\mathbb{R}^n$ hat mindestens einen Häufungspunkt.

Punktfolgen

Eine Abbildung $\mathbf{x}\,|\,\mathbb{N} \to \mathbb{R}^n$ heißt *Punktfolge* des $\mathbb{R}^n$. Für ihre Elemente $\mathbf{x}(k)$ wird $\mathbf{x}_k$ und für die gesamte Folge $\{\mathbf{x}_k\}$ geschrieben. Die Komponenten des Folgenelementes $\mathbf{x}_k$ werden mit $x_i^{(k)}$, $i = 1,\dots,n$, bezeichnet.

Konvergenz: Die Punktfolge $\{\mathbf{x}_k\}$ heißt *konvergent* gegen den *Grenzwert* $\mathbf{x}$, wenn
$$\lim_{k\to\infty} \|\mathbf{x}_k - \mathbf{x}\| = 0 \quad \text{gilt.}$$

♦ Eine Punktfolge $\{\mathbf{x}_k\}$ konvergiert genau dann gegen den Grenzwert $\mathbf{x}$, wenn jede Komponentenfolge $\left\{x_i^{(k)}\right\}$, $i = 1,\dots,n$, gegen die Komponente x_i von $\mathbf{x}$ konvergiert.

Funktionen im $\mathbb{R}^n$

Eine Abbildung $f \mid D \to \mathbb{R}$ mit $D \subset \mathbb{R}^n$ heißt *reellwertige (reelle) Funktion von mehreren Variablen (Veränderlichen)*. Der Funktionswert im Punkt $\mathbf{x} \in D$ wird mit $f(\mathbf{x}) = f(x_1, \ldots, x_n)$ bezeichnet.

Darstellung im (x,y,z)-Koordinatensystem.

Funktionen von zwei Variablen lassen sich in einem (x,y,z)-Koordinatensystem graphisch darstellen, indem $z = f(x,y)$ gesetzt wird. Die Menge der Punkte (x,y,z) bildet eine *Fläche*, falls die Funktion f stetig ist.

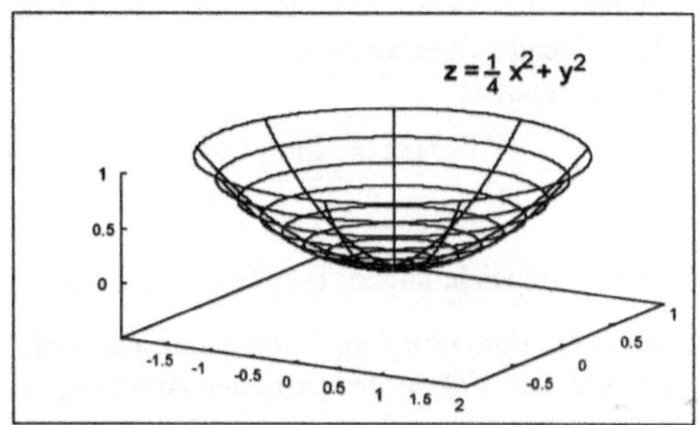

Höhenlinien im (x,y)-Koordinatensystem.

Funktionen von zwei Variablen lassen sich in einem (x,y)-Koordinatensystem graphisch darstellen, indem die *Höhenlinien* $f(x,y) = C$ für verschiedene Werte von C dargestellt werden (vgl. die Höhenlinien in Landkarten).

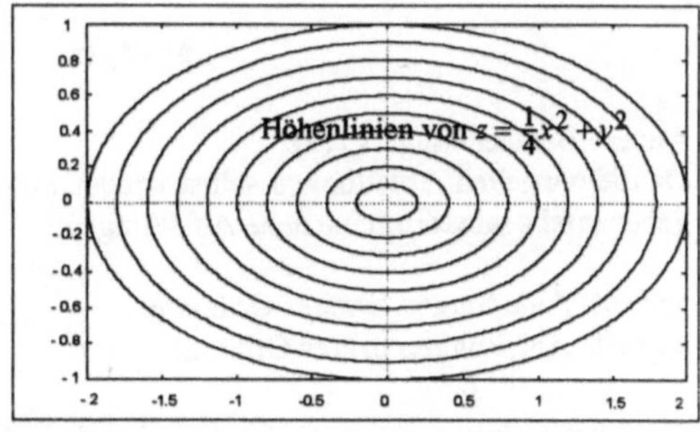

Stetigkeit: Es sei $\mathbf{x}$ ein in D liegender Häufungspunkt von D. Eine Funktion $f \mid D \to \mathbb{R}$ heißt im Punkt $\mathbf{x} \in D$ *stetig*, wenn für jede gegen $\mathbf{x}$ konvergierende Punktfolge $\{\mathbf{x}_k\} \in D$ gilt: $\displaystyle\lim_{k \to \infty} f(\mathbf{x}_k) = f(\mathbf{x})$.

- Summe, Differenz und Produkt stetiger Funktionen sind stetige Funktionen. Der Quotient stetiger Funktionen ist stetig, falls der Nenner von Null verschieden ist.

- Ist die Funktion f in einer Umgebung $U(\mathbf{x}_0)$ des Punktes $\mathbf{x}_0$ partiell differenzierbar und sind alle partiellen Ableitungen $\partial_i f(\mathbf{x})$ dort beschränkt, so ist f im Punkt $\mathbf{x}_0$ stetig.

- Ist die Funktion f im Punkt $\mathbf{x}_0$ stetig und gilt $f(\mathbf{x}_0) > 0$, so gibt es eine Umgebung $U(\mathbf{x}_0)$, in der f überall positiv ist: $f(\mathbf{x}) > 0$ für alle $\mathbf{x} \in U(\mathbf{x}_0)$.

- ε–δ–*Definition der Stetigkeit.* Es sei $\mathbf{x}_0$ ein in D liegender Häufungspunkt von D. Eine Funktion $f \mid D \to \mathbb{R}$ ist genau dann stetig im Punkt $\mathbf{x}_0$, wenn es zu jeder positiven Zahl ε eine positive Zahl δ gibt, so daß gilt:

$$|f(\mathbf{x}) - f(\mathbf{x}_0)| < \varepsilon \quad \text{für alle } x \in D \text{ mit } \|\mathbf{x} - \mathbf{x}_0\| < \delta \, .$$

Differentialrechnung für Funktionen mit mehreren Variablen

Partielle Ableitungen

Es sei $f \mid D \to \mathbb{R}$, $D \subset \mathbb{R}^n$, eine reelle Funktion mit Werten $f(\mathbf{x}) = f(x_1, ..., x_n)$. Existiert der folgende Grenzwert, so heißt er *partielle Ableitung* der Funktion f nach der i-ten Variablen im Punkt $\mathbf{x}$:

$$\partial_i f(\mathbf{x}) := \lim_{\Delta x_i \to 0} \frac{f(x_1, ..., x_{i-1}, x_i + \Delta x_i, x_{i+1}, ..., x_n) - f(x_1, ..., x_n)}{\Delta x_i}$$

Andere Bezeichnungen: $\partial_{x_i} f(\mathbf{x})$, $f_{x_i}(\mathbf{x})$, $\dfrac{\partial f}{\partial x_i}(\mathbf{x})$

Wenn die Funktion f im Punkt $\mathbf{x}$ partielle Ableitungen nach allen Variablen besitzt, so bezeichnet man den Vektor der partiellen Ableitungen als *den Gradienten* von f im Punkt $\mathbf{x}$:

$$\mathbf{grad}\, f(\mathbf{x}) := \begin{pmatrix} \partial_1 f(\mathbf{x}) \\ \vdots \\ \partial_n f(\mathbf{x}) \end{pmatrix}$$

Andere Bezeichnung: $\nabla f(\mathbf{x})$.

Da die partiellen Ableitungen selbst wieder Funktionen von n Variablen sind, besitzen sie gegebenenfalls wiederum partielle Ableitungen.

partielle Ableitungen zweiter Ordnung: $\qquad \partial_{ik} f(\mathbf{x}) := \partial_i (\partial_k f)(\mathbf{x})$

partielle Ableitungen dritter Ordung: $\qquad \partial_{ijk} f(\mathbf{x}) := \partial_i (\partial_{jk} f)(\mathbf{x})$

Satz von Schwarz über die Vertauschbarkeit der Differentiations-Reihenfolge: Sind die partiellen Ableitungen $\partial_{ik} f$ und $\partial_{ki} f$ in einer Umgebung des Punktes $\mathbf{x}$ vorhanden und ste- tig, so gilt

$$\partial_{ik} f(\mathbf{x}) = \partial_{ki} f(\mathbf{x}) \ .$$

Totales Differential

Es sei $f \mid U \to \mathbb{R}$, $U \subset \mathbb{R}^n$, eine in der Umgebung U von $\mathbf{x}$ erklärte Funktion von n Veränderlichen. Sie heißt im Punkt $\mathbf{x}$ *total differenzierbar*, wenn es einen Vektor $\mathbf{a}(\mathbf{x})$ gibt, so daß

$$\lim_{\mathbf{h} \to 0} \frac{f(\mathbf{x} + \mathbf{h}) - f(\mathbf{x}) - \mathbf{a}(\mathbf{x}) \cdot \mathbf{h}}{|\mathbf{h}|} = 0$$

gilt. Die Zahl $\mathbf{a}(\mathbf{x}) \cdot \mathbf{h}$ heißt *totales Differential* von f im Punkt $\mathbf{x}$ zum Zuwachs $\mathbf{h}$. Die Zuordnung $\mathbf{h} \to \mathbf{a}(\mathbf{x}) \cdot \mathbf{h}$ wird *Ableitung* $f'(\mathbf{x})$ genannt: $f'(\mathbf{x})(\mathbf{h}) := \mathbf{a}(\mathbf{x}) \cdot \mathbf{h}$. Besitzt die Funktion f in einer Umgebung des Punktes $\mathbf{x}$ stetige partielle Ableitungen, so ist sie im Punkt $\mathbf{x}$ auch total differenzierbar, und es gilt

$$f'(\mathbf{x})(\mathbf{h}) = \mathbf{grad}\, f(\mathbf{x}) \cdot \mathbf{h} = \sum_{i=1}^{n} \partial_i f(\mathbf{x}) h \ .$$

Richtungsableitung

Es sei $f\,|\,U \to \mathbb{R}$, $U \subset \mathbb{R}^n$, eine Funktion von n Veränderlichen, die mindestens auf einem Geradenstück $\mathbf{x} + t\mathbf{s}$ um den Punkt $\mathbf{x}$ definiert ist. Dann wird der folgende Grenzwert, falls er existiert, *Richtungsableitung* von f im Punkt $\mathbf{x}$ bezüglich der Richtung $\mathbf{s}$ genannt:

$$\frac{\partial f}{\partial \mathbf{s}}(\mathbf{x}) := \lim_{t \to 0} \frac{f(\mathbf{x} + t\mathbf{s}) - f(\mathbf{x})}{t} \; .$$

Besitzt die Funktion f in einer Umgebung des Punktes $\mathbf{x}$ stetige partielle Ableitungen, so existieren die Richtungsableitungen im Punkt $\mathbf{x}$ bezüglich jeder Richtung $\mathbf{s}$, und es gilt:

$$\frac{\partial f}{\partial \mathbf{s}}(\mathbf{x}) = \mathbf{s}\cdot\mathbf{grad}\,f(\mathbf{x}) \; .$$

Taylorformel

Taylorformel für zwei Variable: Die Funktion $f(\mathbf{x}) = f(x,y)$ sei in einer Umgebung U des Punktes $P_0(x_0,y_0)$ mindestens $(n{+}1)$-mal stetig partiell differenzierbar, und es gelte $P(x,y) \in U$. Dann gibt es einen auf der Strecke $\overline{P_0P}$ gelegenen Punkt $Q(\xi,\eta)$, so daß mit $h = x - x_0$, $k = y - y_0$, $\xi = x_0 + \vartheta(x - x_0)$, $\eta = y_0 + \vartheta(y - y_0)$, $0 < \vartheta <$ gilt:

$$f(x,y) = f(x_0,y_0) + \frac{1}{1!}(\partial_1 f(x_0,y_0)h + \partial_2 f(x_0,y_0)k) + \frac{1}{2!}(\partial_1 f(x_0,y_0)h + \partial_2 f(x_0,y_0)k)^{(2)}$$
$$+ \cdots + \frac{1}{n!}(\partial_1 f(x_0,y_0)h + \partial_2 f(x_0,y_0)k)^{(n)} + R_n(x,y)$$

mit

$$R_n(x,y) = \frac{1}{(n+1)!}(\partial_1 f(\xi,\eta)h + \partial_2 f(\xi,\eta)k)^{(n+1)}$$

und mit der Abkürzung

$$(\partial_1 f(u,v)h + \partial_2 f(u,v)k)^{(i)} = \sum_{j=0}^{i} \binom{i}{j} \partial_{\underbrace{1\ldots1}_{i-j}\,\underbrace{2\ldots2}_{j}} f(u,v)h^{i-j}k^j \; .$$

Spezialfall $n = 0$ (Mittelwertsatz):

$$f(x,y) = f(x_0,y_0) + \partial_1 f(\xi,\eta)h + \partial_2 f(\xi,\eta)k$$

Spezialfall $n = 1$:

$$f(x,y) = f(x_0,y_0) + \partial_1 f(x_0,y_0)h + \partial_2 f(x_0,y_0)k + R_1(x,y)$$
mit
$$R_1(x,y) = \frac{1}{2}\left(\partial_{11} f(\xi,\eta)h^2 + 2\partial_{12} f(\xi,\eta)hk + \partial_{22} f(\xi,\eta)k^2\right)$$

Spezialfall $n = 2$:

$$f(x,y) = f(x_0,y_0) + \partial_1 f(x_0,y_0)h + \partial_2 f(x_0,y_0)k$$
$$+ \frac{1}{2}\left(\partial_{11} f(x_0,y_0)h^2 + 2\partial_{12} f(x_0,y_0)hk + \partial_{22} f(x_0,y_0)k^2\right) + R_2(x,y)$$
mit
$$R_2(x,y) = \frac{1}{6}\left(\partial_{111} f(\xi,\eta)h^3 + 3\partial_{112} f(\xi,\eta)h^2 k + 3\partial_{122} f(\xi,\eta)hk^2 + \partial_{222} f(\xi,\eta)k^3\right)$$

Kettenregel

Es sei f eine Funktion von m Veränderlichen, und $g_1,\dots,g_m$ seien m Funktionen von n Veränderlichen. Für die zusammengesetzte Funktion

$$F(x_1,\dots,x_n) := f(g_1(x_1,\dots,x_n),\dots,g_m(x_1,\dots,x_n))$$

gilt: Sind die Funktionen $g_1,\dots,g_m$ an der Stelle $\mathbf{x}=(x_1,\dots,x_n)$ und die Funktion f an der Stelle $\mathbf{u}=(u_1,\dots,u_m)$ mit $u_k=g_k(x_1,\dots,x_n)$ total differenzierbar, so ist die Funktion F an der Stelle $\mathbf{u}$ total differenzierbar mit der Ableitung

$$F'(\mathbf{x})(\mathbf{h}) = f'(\mathbf{u})(g'(\mathbf{x})(\mathbf{h}))$$

$$= (\partial_1 f(\mathbf{u}),\dots,\partial_m f(\mathbf{u})) \underbrace{\begin{pmatrix} \partial_1 g_1(\mathbf{x}) & \dots & \partial_n g_1(\mathbf{x}) \\ \vdots & \ddots & \vdots \\ \partial_1 g_m(\mathbf{x}) & \cdots & \partial_n g_m(\mathbf{x}) \end{pmatrix}}_{= \mathbf{G}'(\mathbf{x}) \dots\dots \textit{Funktionalmatrix} \text{ des Funktionensystems } g_1,\dots,g_m} \begin{pmatrix} h_1 \\ \vdots \\ h_n \end{pmatrix} ,$$

oder: $\quad \mathbf{grad}\, F(\mathbf{x}) = (\mathbf{G}'(\mathbf{x}))^{\mathrm{T}}\, \mathbf{grad}\, f(\mathbf{u})$,

komponentenweise:

$$\partial_i F = \sum_{k=1}^{m} \partial_k f\, \partial_i g_k \quad (i=1,\dots,n) \quad \text{oder:} \quad \frac{\partial F}{\partial x_i} = \sum_{k=1}^{m} \frac{\partial f}{\partial g_k} \frac{\partial g_k}{\partial x_i} \quad (i=1,\dots,n)\ .$$

Spezialfall $m=2, n=1$; Funktion $f(x,y)$ mit $x=x(t),\quad y=y(t)$:

$$\frac{\mathrm{d}f}{\mathrm{d}t} = \frac{\partial f}{\partial x}\frac{\mathrm{d}x}{\mathrm{d}t} + \frac{\partial f}{\partial y}\frac{\mathrm{d}y}{\mathrm{d}t} \qquad \text{oder:} \qquad \dot{f} = f_x \dot{x} + f_y \dot{y}$$

Spezialfall $m=n=2$; Funktion $f(u,v)$ mit $u=u(x,y),\quad v=v(x,y)$:

$$\frac{\partial f}{\partial x} = \frac{\partial f}{\partial u}\frac{\partial u}{\partial x} + \frac{\partial f}{\partial v}\frac{\partial v}{\partial x} \qquad\qquad \frac{\partial f}{\partial y} = \frac{\partial f}{\partial u}\frac{\partial u}{\partial y} + \frac{\partial f}{\partial v}\frac{\partial v}{\partial y}$$

Polarkoordinaten (Spezialfall $m=n=2$, $\quad x=r\cos\varphi$, $\quad y=r\sin\varphi$, $\quad f(x,y)=g(r,\varphi)$)

$$\frac{\partial f}{\partial x} = \cos\varphi \frac{\partial g}{\partial r} - \frac{\sin\varphi}{r}\frac{\partial g}{\partial\varphi} \qquad\qquad \frac{\partial g}{\partial r} = \cos\varphi \frac{\partial f}{\partial x} + \sin\varphi \frac{\partial f}{\partial y}$$

$$\frac{\partial f}{\partial y} = \sin\varphi \frac{\partial g}{\partial r} + \frac{\cos\varphi}{r}\frac{\partial g}{\partial\varphi} \qquad\qquad \frac{\partial g}{\partial\varphi} = -r\sin\varphi \frac{\partial f}{\partial x} + r\cos\varphi \frac{\partial f}{\partial y}$$

Zylinderkoordinaten (Spezialfall $m=n=3$, $\quad x=r\cos\varphi$, $\quad y=r\sin\varphi$, $\quad z=z$
$$f(x,y,z)=g(r,\vartheta,\varphi)\ )$$

Formelsätze wie bei Polarkoordinaten, aber zusätzlich

$$\frac{\partial f}{\partial z} = \frac{\partial g}{\partial z} \qquad\qquad\qquad\qquad \frac{\partial g}{\partial z} = \frac{\partial f}{\partial z}$$

Kugelkoordinaten (Spezialfall $m = n = 3$, $x = \rho \sin\vartheta \cos\varphi$, $y = \rho \sin\vartheta \sin\varphi$, $z = \rho \cos\vartheta$,
$$f(x,y,z) = g(\rho, \vartheta, \varphi)\,)$$

$$\frac{\partial f}{\partial x} = \frac{\partial g}{\partial \rho} \sin\vartheta \cos\varphi + \frac{\partial g}{\partial \vartheta} \frac{\cos\vartheta \cos\varphi}{\rho} - \frac{\partial g}{\partial \varphi} \frac{\sin\varphi}{\rho \sin\vartheta}$$

$$\frac{\partial f}{\partial y} = \frac{\partial g}{\partial \rho} \sin\vartheta \sin\varphi + \frac{\partial g}{\partial \vartheta} \frac{\cos\vartheta \sin\varphi}{\rho} + \frac{\partial g}{\partial \varphi} \frac{\cos\varphi}{\rho \sin\vartheta}$$

$$\frac{\partial f}{\partial z} = \frac{\partial g}{\partial \rho} \cos\vartheta - \frac{\partial g}{\partial \vartheta} \frac{\sin\vartheta}{\rho}$$

$$\frac{\partial g}{\partial \rho} = \frac{\partial f}{\partial x} \sin\vartheta \cos\varphi + \frac{\partial f}{\partial y} \sin\vartheta \sin\varphi + \frac{\partial f}{\partial z} \cos\vartheta$$

$$\frac{\partial g}{\partial \vartheta} = \frac{\partial f}{\partial x} \rho \cos\vartheta \cos\varphi + \frac{\partial f}{\partial y} \rho \cos\vartheta \sin\varphi - \frac{\partial f}{\partial z} \rho \sin\varphi$$

$$\frac{\partial g}{\partial \varphi} = -\frac{\partial f}{\partial x} \rho \sin\vartheta \sin\varphi + \frac{\partial f}{\partial y} \rho \sin\vartheta \cos\varphi$$

Fehlerfortpflanzung

Die Fehlerfortpflanzung behandelt den Einfluß von Fehlern der Veränderlichen einer Funktion auf das Ergebnis der Funktionswertberechnung.

exakte Größen: $y, x_1, \ldots, x_n$ mit $y = f(\mathbf{x}) = f(x_1, \ldots, x_n)$

Näherungswerte: $\tilde{y}, \tilde{x}_1, \ldots, \tilde{x}_n$ mit $\tilde{y} = f(\tilde{\mathbf{x}}) = f(\tilde{x}_1, \ldots, \tilde{x}_n)$

absolute Fehler: $\delta y := \tilde{y} - y, \quad \delta x_1 := \tilde{x}_1 - x_1, \ldots, \quad \delta x_n := \tilde{x}_n - x_n$

absolute Fehlerschranken Δ: $|\delta y| \le \Delta y, \quad |\delta x_1| \le \Delta x_1, \ldots, \quad |\delta x_n| \le \Delta x_n$

relative Fehler: $\dfrac{\delta y}{y}, \dfrac{\delta x_1}{x_1}, \ldots, \dfrac{\delta x_n}{x_n}$

relative Fehlerschranken: $\left|\dfrac{\delta y}{y}\right| \le \dfrac{\Delta y}{|y|}, \left|\dfrac{\delta x_1}{x_1}\right| \le \dfrac{\Delta x_1}{|x_1|}, \ldots, \left|\dfrac{\delta x_n}{x_n}\right| \le \dfrac{\Delta x_n}{|x_n|}$

Falls die Funktion f total differenzierbar ist, so gilt für die Fortpflanzung der absoluten Fehler der Veränderlichen auf den absoluten Fehler der Funktion f

$$\Delta y \lesssim |\partial_1 f(\tilde{\mathbf{x}})| \Delta x_1 + \cdots + |\partial_n f(\tilde{\mathbf{x}})| \Delta x_n \quad [1]$$

und für die Fortpflanzung der relativen Fehler

$$\frac{\Delta y}{|y|} \lesssim \left|\frac{\tilde{x}_1 \partial_1 f(\tilde{\mathbf{x}})}{\tilde{y}}\right| \cdot \frac{\Delta x_1}{|x_1|} + \cdots + \left|\frac{\tilde{x}_n \partial_n f(\tilde{\mathbf{x}})}{\tilde{y}}\right| \cdot \frac{\Delta x_n}{|x_n|} \quad [1].$$

---

[1]   Das Zeichen $\lesssim$ bedeutet *kleiner oder etwa gleich*

Extremwertaufgaben und Optimierung

Begriffe

Es sei $f \mid D \to \mathbb{R}$, $D \subset \mathbb{R}^n$, eine Funktion von n Variablen mit Werten $f(\mathbf{x}) = f(x_1, \ldots, x_n)$ und $\mathbf{x}_0 \in D$.

Infimum — Eine Zahl m wird *Infimum von f* genannt, wenn sie die größte Zahl m ist, für welche gilt:

$$f(\mathbf{x}) \geq m \quad \text{für alle } \mathbf{x} \in D. \qquad \text{Bezeichnung: } m = \inf_{\mathbf{x} \in D} f(\mathbf{x})$$

Supremum — Eine Zahl M wird *Supremum von f* genannt, wenn sie die kleinste Zahl M ist, für welche gilt:

$$f(\mathbf{x}) \leq M \quad \text{für alle } \mathbf{x} \in D. \qquad \text{Bezeichnung: } M = \sup_{\mathbf{x} \in D} f(\mathbf{x})$$

globales Minimum — Die Funktion f hat an der Stelle $\mathbf{x}_0$ ein *globales Minimum*, falls gilt:

$$f(\mathbf{x}) \geq f(\mathbf{x}_0) \quad \text{für alle } \mathbf{x} \in D. \quad \text{Bezeichnung: } f(\mathbf{x}_0) = \min_{\mathbf{x} \in D} f(\mathbf{x})$$

Die Funktion f hat an der Stelle $\mathbf{x}_0$ ein *strenges globales Minimum*, falls gilt:

$$f(\mathbf{x}) > f(\mathbf{x}_0) \quad \text{für alle } \mathbf{x} \in D \setminus \{\mathbf{x}_0\}.$$

lokales Minimum — Die Funktion f hat an der Stelle $\mathbf{x}_0$ ein *lokales Minimum*, falls für eine Umgebung $U(\mathbf{x}_0)$ gilt:

$$f(\mathbf{x}) \geq f(\mathbf{x}_0) \quad \text{für alle } \mathbf{x} \in U(\mathbf{x}_0) \cap D.$$

Die Funktion f hat an der Stelle $\mathbf{x}_0$ ein *strenges lokales Minimum*, falls für eine Umgebung $U(\mathbf{x}_0)$ gilt:

$$f(\mathbf{x}) > f(\mathbf{x}_0) \quad \text{für alle } \mathbf{x} \in (U(\mathbf{x}_0) \cap D) \setminus \{\mathbf{x}_0\}.$$

Ein globales Minimum wird auch kurz *Minimum*, ein lokales Minimum auch *relatives Minimum* genannt. Analog werden diese Begriffe für *Maximum* definiert. Minimum und Maximum werden im Begriff *Extremum* oder *Extremwert* zusammengefaßt. Ändert sich die Punktmenge D, so ändern sich i.allg. der Wert des Extremums und die Extremstelle $\mathbf{x}_0$; dann muß den Bezeichnungen die Formulierung "bezüglich D" beigefügt werden.

- Läßt man die Werte $-\infty$ für das Infimum und $+\infty$ für das Supremum zu, so besitzt jede Funktion ein Infimum und ein Supremum.

- Falls die Funktion f ein Minimum hat, stimmt dieses mit dem Infimum überein.

- Falls die Funktion f ein Maximum hat, stimmt dieses mit dem Supremum überein.

Extrema von Funktionen mit einer Variablen

* *Existenz.* Eine stetige Funktion $f \mid [a,b] \to \mathbb{R}$ hat mindestens ein Minimum und Maximum.

* *Notwendige Bedingung für lokale Extremwerte.* Hat die Funktion $f \mid [a,b] \to \mathbb{R}$ an der Stelle $x_0 \in (a,b)$ ein lokales Extremum und ist f an der Stelle x_0 differenzierbar, so gilt:

$$f'(x_0) = 0 \ .$$

* *Hinreichende Bedingung für lokale Extremwerte.* Ist die Funktion $f \mid [a,b] \to \mathbb{R}$ an der Stelle x_0 zweimal stetig differenzierbar, so gilt

a) $x_0 \in [a,b] \ \wedge \ f'(x_0) = 0 \ \wedge \ f''(x_0) > 0 \ \Rightarrow \ f$ hat in x_0 lokales Minimum,

b) $x_0 \in [a,b] \ \wedge \ f'(x_0) = 0 \ \wedge \ f''(x_0) < 0 \ \Rightarrow \ f$ hat in x_0 lokales Maximum,

Für die Randstellen a,b gilt zusätzlich, falls f dort stetig differenzierbar ist:

c) $f'(a) > 0 \ \Rightarrow f$ hat in a lokales Minimum, $f'(a) < 0 \ \Rightarrow \ f$ hat in a lokales Maximum,

d) $f'(b) < 0 \ \Rightarrow \ f$ hat in b lokales Maximum, $f'(b) > 0 \ \Rightarrow f$ hat in b lokales Minimum.

Extrema von Funktionen mit mehreren Variablen

Gegeben: Funktion $f \mid D \to \mathbb{R}$, $D \subset \mathbb{R}^n$, mit Funktionswerten $f(\mathbf{x}) = f(x_1, \ldots, x_n)$.
Gesucht: Extremstellen $\mathbf{x}_0 \in D$.

* *Existenz*: Ist die Punktmenge D beschränkt und abgeschlossen und die Funktion f in jedem Punkt von D stetig, so hat f auf D mindestens ein globales Minimum und mindestens ein globales Maximum.

Für die weiteren Aussagen wird vorausgesetzt, daß die Punktmenge D ein nicht leeres Inneres hat und daß die Funktion f hinreichend oft stetig partiell differenzierbar ist. Die symmetrische (n,n)-Matrix $\mathbf{H}(\mathbf{x})$ der zweiten partiellen Ableitungen von f heißt *Hessematrix*:

$$\mathbf{H}(\mathbf{x}) := (\partial_{ij} f(\mathbf{x})) = \begin{pmatrix} \partial_{11} f(\mathbf{x}) & \cdots & \partial_{1n} f(\mathbf{x}) \\ \vdots & \ddots & \vdots \\ \partial_{n1} f(\mathbf{x}) & \cdots & \partial_{nn} f(\mathbf{x}) \end{pmatrix}$$

* *Notwendige Bedingung I für lokale Extremwerte.* Hat die Funktion f an der Stelle $\mathbf{x}_0 \in \mathrm{int}(D)$ einen lokalen Extremwert, so gilt

$$\mathbf{grad} f(\mathbf{x}_0) = 0 \ , \quad \text{in Komponenten:} \quad \partial_i f(\mathbf{x}_0) = \frac{\partial f}{\partial x_i}(x_1^0, \cdots, x_n^0) = 0 \quad (i = 1, \ldots, n) \ .$$

* Die Punkte $\mathbf{x}_0 \in \mathrm{int}(D)$ mit $\mathbf{grad} f(\mathbf{x}_0) = 0$ heißen *stationäre Punkte* der Funktion f.

* Hat jede Umgebung des stationären Punktes $\mathbf{x}_0$ Punkte $\mathbf{x}, \mathbf{y}$ mit $f(\mathbf{x}) < f(\mathbf{x}_0) < f(\mathbf{y})$, so heißt $\mathbf{x}_0$ *Sattelpunkt*.

Notwendige Bedingung II für lokale Extremwerte

* Hat f an der Stelle $x_0 \in \text{int}(D)$ ein lokales Minimum, so gilt $\text{grad} f(x_0) = 0$, und die Hessematrix $H(x_0)$ ist positiv semidefinit.

* Hat f an der Stelle $x_0 \in \text{int}(D)$ ein lokales Maximum, so gilt $\text{grad} f(x_0) = 0$, und die Hessematrix $H(x_0)$ ist negativ semidefinit.

Hinreichende Bedingungen für lokale Extremwerte. Es sei x_0 ein stationärer Punkt von f.

* Ist zusätzlich $H(x_0)$ positiv definit, so hat f an der Stelle x_0 ein strenges lokales Minimum.

* Ist zusätzlich $H(x_0)$ negativ definit, so hat f an der Stelle x_0 ein strenges lokales Maximum.

Kriterien für Definitheit (s. auch Lineare Algebra, Eigenwertaufgaben bei Matrizen)

* Die reelle symmetrische (n,n)-Matrix $A = (a_{ij})$ ist genau dann positiv definit, wenn jede ihrer n Hauptabschnitts-Determinanten positiv ist:

$$\begin{vmatrix} a_{11} & \cdots & a_{1k} \\ \vdots & \ddots & \vdots \\ a_{k1} & \cdots & a_{kk} \end{vmatrix} > 0 \qquad \text{für } k = 1, \ldots, n.$$

* Die reelle symmetrische (n,n)-Matrix $A = (a_{ij})$ ist genau dann negativ definit, wenn die Folge der n Hauptabschnitts-Determinanten beginnend mit Minus alternierende Vorzeichen hat:

$$(-1)^k \begin{vmatrix} a_{11} & \cdots & a_{1k} \\ \vdots & \ddots & \vdots \\ a_{k1} & \cdots & a_{kk} \end{vmatrix} > 0 \qquad \text{für } k = 1, \ldots, n.$$

Hinreichende Bedingung für Sattelpunkte

* Ist x_0 ein stationärer Punkt der Funktion f und hat die Hessematrix $H(x_0)$ Eigenwerte λ_j, λ_k von unterschiedlichem Vorzeichen $\lambda_j < 0$, $\lambda_k > 0$, so ist x_0 ein Sattelpunkt von f.

Spezialfall $n = 2$

* Es sei $P(x_0, y_0) \in \text{int}(D)$ stationärer Punkt, d.h. $\partial_x f(x_0, y_0) = 0$, $\partial_y f(x_0, y_0) = 0$. Dann sind die in den ersten beiden Spalten der Tabelle eingetragenen Eigenschaften beide zusammen hinreichend für die angegebene Art des stationären Punktes.

$\partial_{xx} f(x_0, y_0) \cdot \partial_{yy} f(x_0, y_0) - (\partial_{xy} f(x_0, y_0))^2$	$\partial_{xx} f(x_0, y_0)$	Art des Punktes $P(x_0, y_0)$
> 0	> 0	relative Minimumstelle
> 0	< 0	relative Maximumstelle
< 0	beliebig	Sattelpunkt

Extrema mit Gleichungsrestriktionen

Gegeben: Funktion $f \mid D \to \mathbb{R}$, $D \in \mathbb{R}^n$, mit Werten $f(\mathbf{x}) = f(x_1, \ldots, x_n)$,

Funktionen $g_i \mid D \to \mathbb{R}$, $D \in \mathbb{R}^n$, mit Werten $g_i(\mathbf{x}) = g_i(x_1, \ldots, x_n)$, $i = 1, \ldots, m$

Gesucht: Extremstellen $\mathbf{x}_0$ von f bezüglich der Punktmenge

$$G = \{\, \mathbf{x} \in D \mid g_1(\mathbf{x}) = 0, \ldots, g_m(\mathbf{x}) = 0 \,\}$$

Nebenbedingungen, Restriktionen: $g_1(\mathbf{x}) = 0, \ldots, g_m(\mathbf{x}) = 0$

Lagrange-Funktion: $L(\mathbf{x}, \lambda) := f(\mathbf{x}) + \lambda_1 g_1(\mathbf{x}) + \cdots + \lambda_m g_m(\mathbf{x})$

Lagrange-Multiplikatoren: $\lambda_1, \ldots, \lambda_m$

Notwendige Bedingung für lokale Extremwerte (Lagrange-Multiplikatoren-Regel).

♦ Die Funktionen $f, g_1, \ldots, g_m$ seien stetig partiell differenzierbar, der Punkt $\mathbf{x}_0 \in G$ sei eine lokale Extremstelle der Funktion f unter den Nebenbedingungen $g_i(\mathbf{x}) = 0$, $i = 1, \ldots, m$, und für die Funktionalmatrix $\mathbf{G}'$ des Funktionensystems $g_1, \ldots, g_m$ gelte $\mathrm{rang}(\mathbf{G}'(\mathbf{x}_0)) = m$. Dann gibt es Lagrange-Multiplikatoren $\lambda_1, \ldots, \lambda_m$, so daß alle $n + m$ partiellen Ableitungen (bezüglich x_i und λ_j) der Lagrange-Funktion im Punkt $(\mathbf{x}_0, \lambda)$ verschwinden:

$$\partial_k f(\mathbf{x}_0) + \lambda_1 \partial_k g_1(\mathbf{x}_0) + \cdots + \lambda_m \partial_k g_m(\mathbf{x}_0) = 0 \quad \text{für} \quad k = 1, \ldots, n,$$

$$g_i(\mathbf{x}_0) = 0 \quad \text{für} \quad i = 1, \ldots, m.$$

Nichtlineare Optimierung

Gegeben: Funktion $f \mid D \to \mathbb{R}$, $D \subset \mathbb{R}^n$, mit Werten $f(\mathbf{x}) = f(x_1, \ldots, x_n)$,

Funktionen $g_i \mid D \to \mathbb{R}$, $D \subset \mathbb{R}^n$, mit Werten $g_i(\mathbf{x}) = g_i(x_1, \ldots, x_n)$, $i = 1, \ldots, m$

Funktionen $h_j \mid D \to \mathbb{R}$, $D \subset \mathbb{R}^n$, mit Werten $h_j(\mathbf{x}) = h_j(x_1, \ldots, x_n)$, $j = 1, \ldots, p$

Gesucht: Minimumstellen $\mathbf{x}_0$ von f bezüglich der Punktmenge

$$G = \{\, \mathbf{x} \in D \mid g_i(\mathbf{x}) = 0 \ (i = 1, \ldots, m),\ h_j(\mathbf{x}) \leq 0 \ (j = 1, \ldots, p) \,\}$$

Notwendige Bedingung für lokale Minimumstellen (Kuhn-Tucker-Bedingungen)

♦ Die Funktionen $f, g_1, \ldots, g_m, h_1, \ldots, h_p$ seien stetig partiell differenzierbar, der Punkt $\mathbf{x}_0$ sei eine lokale Minimumstelle der Funktion f unter den Nebenbedingungen $g_i(\mathbf{x}) = 0$, $i = 1, \ldots, m$, $h_j(\mathbf{x}) \leq 0$, $j = 1, \ldots, p$, und am Punkt $\mathbf{x}_0$ sei die *Regularitätsbedingung*

$$\mathrm{rang}(\mathbf{G}'(\mathbf{x}_0)) = m,$$
$$\exists\, z \in \mathbb{R}^n : \quad z^T \mathbf{grad}\, g_i(\mathbf{x}_0) = 0 \quad \text{für} \quad i = 1, \ldots, m,$$
$$z^T \mathbf{grad}\, h_j(\mathbf{x}_0) < 0 \quad \text{für alle } j \text{ mit } h_j(\mathbf{x}_0) = 0$$

erfüllt. Dann gibt es Multiplikatoren λ_i, $i = 1, \ldots, m$, und $\mu_j \geq 0$, $j = 1, \ldots, p$, so daß gilt:

$$\partial_k f(\mathbf{x}_0) + \sum_{i=1}^{m} \lambda_i \partial_k g_i(\mathbf{x}_0) + \sum_{j=1}^{p} \mu_j \partial_k h_j(\mathbf{x}_0) = 0 \quad \text{für} \quad k = 1, \ldots, n,$$

$$h_j(\mathbf{x}_0) \leq 0, \quad \mu_j h_j(\mathbf{x}_0) = 0 \quad \text{für} \quad j = 1, \ldots, p,$$

$$g_i(\mathbf{x}_0) = 0 \quad \text{für} \quad i = 1, \ldots, m.$$

Doppelintegrale

$V = \iint\limits_B f(x,y)\,dx\,dy$ ist das Volumen des Zylinders Z zwischen dem Bereich B der x,y-Ebene und der Fläche $z = f(x,y)$ (Voraussetzung: $f(x,y) \geq 0$)

◆ Spezialfall $f(x,y) \equiv 1$:

$$A = \iint\limits_B dx\,dy \;\ldots\; \text{Flächeninhalt des Bereiches } B$$

Eigenschaften

$$\iint\limits_B \lambda f(x,y)\,dx\,dy = \lambda \iint\limits_B f(x,y)\,dx\,dy$$

$$\iint\limits_{B_1 \cup B_2} f(x,y)\,dx\,dy = \iint\limits_{B_1} f(x,y)\,dx\,dy + \iint\limits_{B_2} f(x,y)\,dx\,dy$$

$$\iint\limits_B (f(x,y) + g(x,y))\,dx\,dy = \iint\limits_B f(x,y)\,dx\,dy + \iint\limits_B g(x,y)\,dx\,dy$$

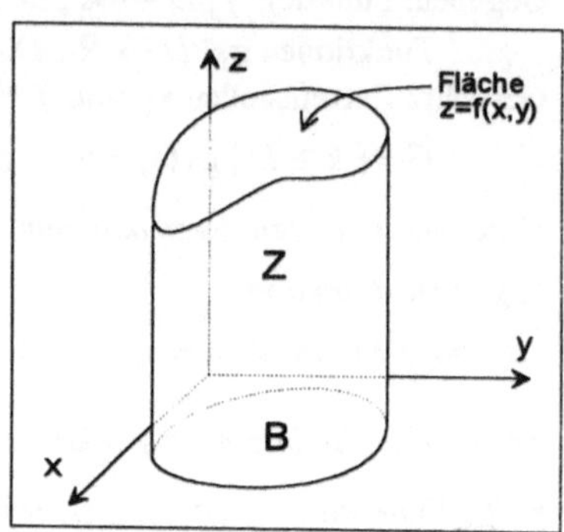

Berechnung (iterierte Integration)

1. Bereich B ist *Normalbereich* bezüglich x-Achse

$$P(x,y) \in B \Leftrightarrow \begin{cases} a \leq x \leq b \\ y_1(x) \leq y \leq y_2(x) \end{cases}$$

Dann kann das Doppelintegral berechnet werden durch

$$\iint\limits_B f(x,y)\,dx\,dy = \int_a^b \left[\int_{y_1(x)}^{y_2(x)} f(x,y)\,dy \right] dx \;.$$

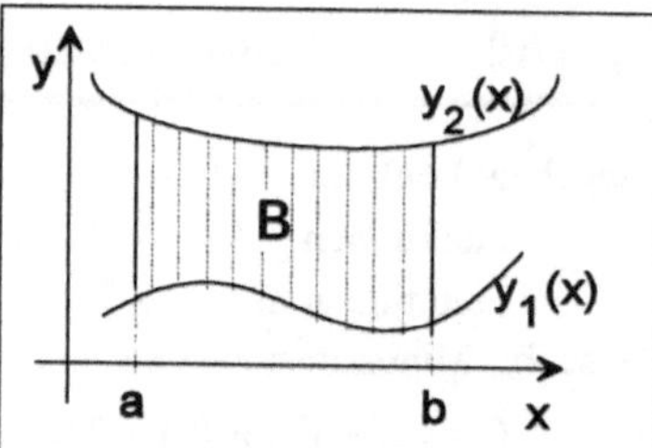

2. Bereich B ist *Normalbereich* bezüglich y-Achse

$$P(x,y) \in B \Leftrightarrow \begin{cases} x_1(y) \leq x \leq x_2(y) \\ c \leq y \leq d \end{cases}$$

Dann kann das Doppelintegral berechnet werden durch

$$\iint\limits_B f(x,y)\,dx\,dy = \int_c^d \left[\int_{x_1(y)}^{x_2(y)} f(x,y)\,dx \right] dy \;.$$

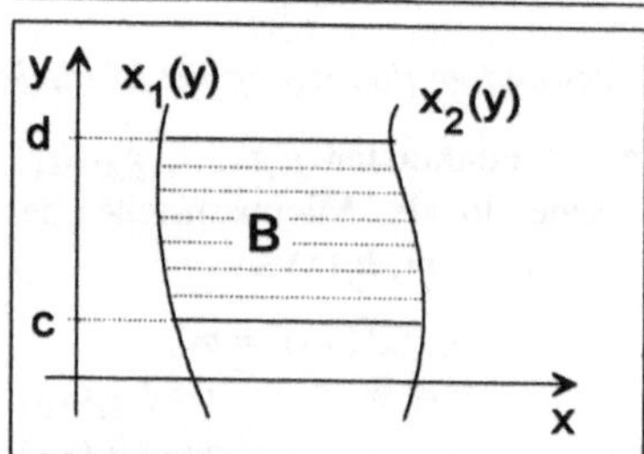

◆ Spezialfall: Bereich B ist *Rechteckbereich*

$$P(x,y) \in B \Leftrightarrow \begin{cases} a \leq x \leq b \\ c \leq y \leq d \end{cases}$$

Dann kann das Doppelintegral berechnet werden durch

$$\iint\limits_B f(x,y)\,dx\,dy = \int_a^b \int_c^d f(x,y)\,dy\,dx = \int_c^d \int_a^b f(x,y)\,dx\,dy \;.$$

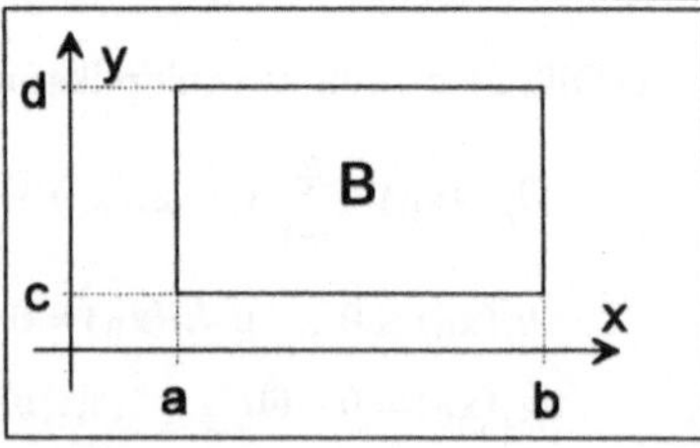

Substitution

Substitutionsregel für die Koordinatentransformation $\begin{aligned} x &= x(u,v) \\ y &= y(u,v) \end{aligned}$:

$$\iint_B f(x,y)\,\mathrm{d}x\,\mathrm{d}y = \iint_{B^*} f(x(u,v), y(u,v))\frac{\partial(x,y)}{\partial(u,v)}\,\mathrm{d}u\,\mathrm{d}v$$

oder

$$\mathrm{d}b = \mathrm{d}x\,\mathrm{d}y = \frac{\partial(x,y)}{\partial(u,v)}\,\mathrm{d}u\,\mathrm{d}v \ \ldots \ \text{Transformation des } \textit{Oberflächenelements } \mathrm{d}b$$

mit

$$\frac{\partial(x,y)}{\partial(u,v)} = \begin{vmatrix} \frac{\partial x}{\partial u} & \frac{\partial x}{\partial v} \\ \frac{\partial y}{\partial u} & \frac{\partial y}{\partial v} \end{vmatrix} \quad \textit{Funktionaldeterminante} \text{ des Funktionensystems } \begin{aligned} x &= x(u,v) \\ y &= y(u,v) \end{aligned}$$

- Spezialfall **Polarkoordinaten** $x = r\cos\varphi$, $y = r\sin\varphi$:

$$\iint_B f(x,y)\,\mathrm{d}x\,\mathrm{d}y = \iint_{B^*} f(r\cos\varphi, r\sin\varphi)r\,\mathrm{d}r\,\mathrm{d}\varphi$$

- Spezialfall **Ellipsenkoordinaten** $x = au\cos v$, $y = bu\sin v$:

$$\iint_B f(x,y)\,\mathrm{d}x\,\mathrm{d}y = \iint_{B^*} f(au\cos v, bu\sin v)abu\,\mathrm{d}u\,\mathrm{d}v$$

Oberflächenintegrale 1. Art

Es seien F ein i.allg. gekrümmtes Flächenstück mit der Parameterdarstellung

$$\begin{aligned} \mathbf{r} &= \mathbf{r}(u,v) \\ (u,v) &\in B \end{aligned} \qquad \text{komponentenweise: } \begin{aligned} x &= x(u,v) \\ y &= y(u,v) \\ z &= z(u,v) \end{aligned} , \quad (u,v) \in B$$

und f eine auf B definierte Funktion. Das zugeordnete *Oberflächenintegral erster Art* ist

$$\int_F f\,\mathrm{d}b = \iint_B f(u,v)\,\mathrm{d}b \quad \text{mit} \quad \mathrm{d}b = \sqrt{EG - F^2}\,\mathrm{d}u\,\mathrm{d}v \quad \text{und}$$

$$E = \left(\frac{\partial x}{\partial u}\right)^2 + \left(\frac{\partial y}{\partial u}\right)^2 + \left(\frac{\partial z}{\partial u}\right)^2, \qquad G = \left(\frac{\partial x}{\partial v}\right)^2 + \left(\frac{\partial y}{\partial v}\right)^2 + \left(\frac{\partial z}{\partial v}\right)^2 ,$$

$$F = \frac{\partial x}{\partial u}\frac{\partial x}{\partial v} + \frac{\partial y}{\partial u}\frac{\partial y}{\partial v} + \frac{\partial z}{\partial u}\frac{\partial z}{\partial v} .$$

- Spezialfall $f \equiv 1$: $\ A = \int_F \mathrm{d}b \ \ldots \ $ Flächeninhalt des Flächenstücks F

- Spezialfall Flächenstück $z = f(x,y)$ mit $(x,y) \in B \ldots$ Bereich der x,y-Ebene

$$\int_F f\,\mathrm{d}b = \iint_B f(x,y)\,\mathrm{d}b \quad \text{mit} \quad \mathrm{d}b = \sqrt{1 + \left(\frac{\partial f}{\partial x}\right)^2 + \left(\frac{\partial f}{\partial y}\right)^2}\,\mathrm{d}x\,\mathrm{d}y$$

Flächenelemente

ebene Fläche in x,y-Ebene	kartesische Koordinaten x,y	$\mathrm{d}b = \mathrm{d}x\,\mathrm{d}y$
	Polarkoordinaten r,φ	$\mathrm{d}b = r\,\mathrm{d}r\,\mathrm{d}\varphi$
	Ellipsenkoordinaten u,v	$\mathrm{d}b = abu\,\mathrm{d}u\,\mathrm{d}v$
	allgemeine u,v-Koordinaten	$\mathrm{d}b = \dfrac{\partial(x,y)}{\partial(u,v)}\,\mathrm{d}u\,\mathrm{d}v$
gekrümmte Fläche	kartesische Koordinaten x,y	$\mathrm{d}b = \sqrt{1+f_x^2+f_y^2}\,\mathrm{d}x\,\mathrm{d}y$
	Zylindermantel Radius R, Koordinaten φ, z	$\mathrm{d}b = R\,\mathrm{d}\varphi\,\mathrm{d}z$
	Kugeloberfläche Radius R, Koordinaten ϑ,φ	$\mathrm{d}b = R^2\sin\vartheta\,\mathrm{d}\vartheta\,\mathrm{d}\varphi$
	allgemeine u,v-Koordinaten	$\mathrm{d}b = \sqrt{EG-F^2}\,\mathrm{d}u\,\mathrm{d}v$

Anwendungen

Flächeninhalt A	$A = \int\limits_F \mathrm{d}b$
Masse M (ρ ... Flächen-Massendichte)	$M = \int\limits_F \mathrm{d}m = \int\limits_F \rho\,\mathrm{d}b$
Volumen V zwischen ebenem Bereich B der x,y-Ebene und Fläche $z = f(x,y)$	$V = \iint\limits_B f\,\mathrm{d}b$

Schwerpunktskoordinaten (ρ ... Flächen-Massendichte)

homogene Fläche	$x_S = \dfrac{1}{A}\int\limits_F x\,\mathrm{d}b$	$y_S = \dfrac{1}{A}\int\limits_F y\,\mathrm{d}b$	$z_S = \dfrac{1}{A}\int\limits_F z\,\mathrm{d}b$
Fläche mit Massendichte ρ	$x_S = \dfrac{1}{M}\int\limits_F x\rho\,\mathrm{d}b$	$y_S = \dfrac{1}{M}\int\limits_F y\rho\,\mathrm{d}b$	$z_S = \dfrac{1}{M}\int\limits_F z\rho\,\mathrm{d}b$

Trägheitsmomente bzgl. der Koordinatenachsen (ρ ... Flächen-Massendichte)

ebene Fläche der x,y-Ebene	$J_x = \int\limits_F y^2\rho\,\mathrm{d}b$	$J_y = \int\limits_F x^2\rho\,\mathrm{d}b$	
gekrümmte Fläche	$J_x = \int\limits_F (y^2+z^2)\rho\mathrm{d}b$	$J_y = \int\limits_F (x^2+z^2)\rho\,\mathrm{d}b$	$J_z = \int\limits_F (x^2+y^2)\rho\,\mathrm{d}b$
homogene Fläche	setze $\rho = 1$		

Trägheitsmomente bzgl. anderer Achsen

polares Trägheitsmoment einer ebenen Fläche der x,y-Ebene	$J_0 = \int\limits_F (x^2+y^2)\rho\,\mathrm{d}b$
Trägheitsmoment bzgl. beliebiger Achse A	$J_A = \int\limits_F r_A^2\rho\,\mathrm{d}b$ r_A... Abstand von A
Satz von Steiner $J_A = a^2M + J_S$	a ... Abstand Achse A - Schwerpunkt S... zu A parallele Achse durch Schwerpkt.

Dreifachintegrale

$$\int\limits_K f\,d\tau = \iiint\limits_K f(x,y,z)\,dx\,dy\,dz \qquad\qquad K\ \dots\quad \text{Körper im Raum } \mathbb{R}^3$$

$$d\tau\ \dots\quad \textit{Raumelement (Volumenelement)}$$

Spezialfall $f(x,y,z) \equiv 1$:

$$V = \int\limits_K d\tau = \int\limits_K dx\,dy\,dz \qquad\qquad \dots\quad \text{Volumen des Körpers } K$$

Eigenschaften

$$\int\limits_K \lambda f\,d\tau = \lambda \int\limits_K f\,d\tau \qquad\qquad \int\limits_{K_1\cup K_2} f\,d\tau = \int\limits_{K_1} f\,d\tau + \int\limits_{K_2} f\,d\tau$$

$$\int\limits_K (f+g)\,d\tau = \int\limits_K f\,d\tau + \int\limits_K g\,d\tau$$

Berechnung (iterierte Integration)

1. Integrationsreihenfolge z,y,x

$$\int\limits_K f\,d\tau = \int\limits_a^b \left\{ \int\limits_{y_1(x)}^{y_2(x)} \left[\int\limits_{z_1(x,y)}^{z_2(x,y)} f(x,y,z)\,dz \right] dy \right\} dx \quad \rightarrow$$

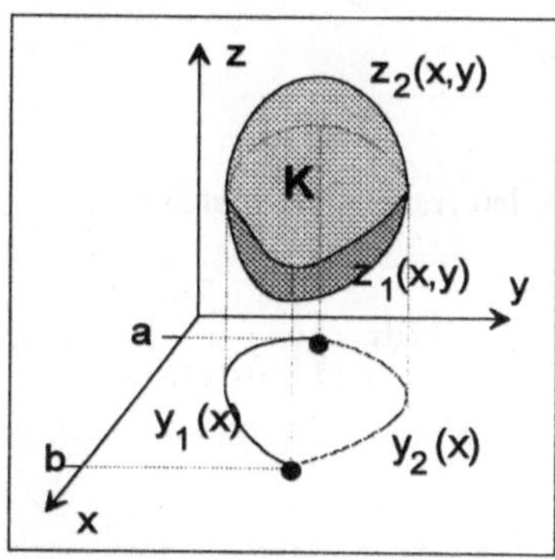

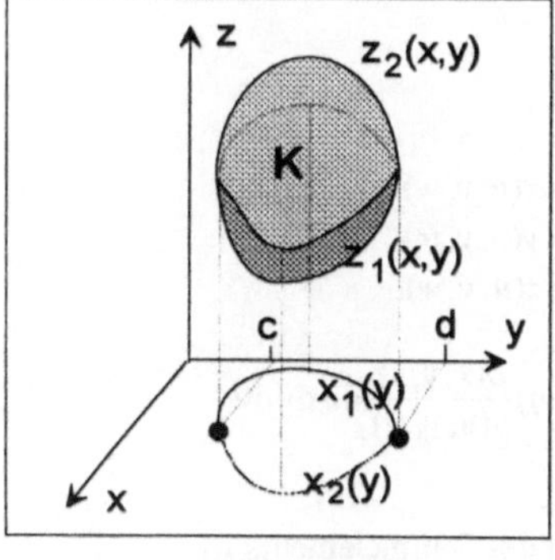

2. Integrationsreihenfolge z,x,y

$$\leftarrow \quad \int\limits_K f\,d\tau = \int\limits_c^d \left\{ \int\limits_{x_1(y)}^{x_2(y)} \left[\int\limits_{z_1(x,y)}^{z_2(x,y)} f(x,y,z)\,dz \right] dx \right\} dy$$

3. Integrationsreihenfolge y,z,x

$$\int\limits_K f\,d\tau = \int\limits_a^b \left\{ \int\limits_{z_1(x)}^{z_2(x)} \left[\int\limits_{y_1(x,z)}^{y_2(x,z)} f(x,y,z)\,dy \right] dz \right\} dx \quad \rightarrow$$

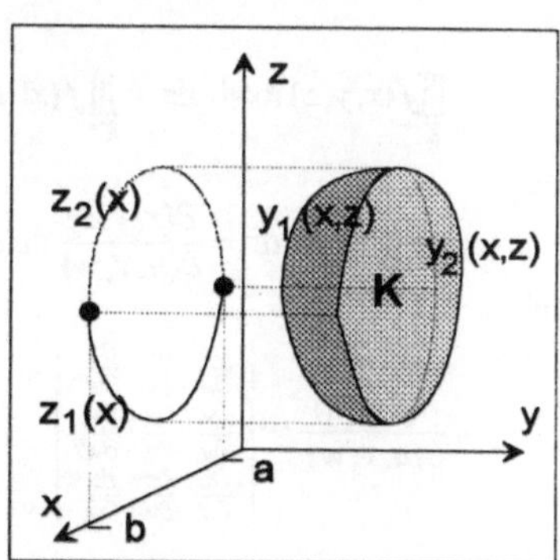

4. Integrationsreihenfolge y, x, z

$$\int_K f\,\mathrm{d}\tau = \int_s^t \left\{ \int_{x_1(z)}^{x_2(z)} \left[\int_{y_1(x,z)}^{y_2(x,z)} f(x,y,z)\,\mathrm{d}y \right] \mathrm{d}x \right\} \mathrm{d}z \quad \rightarrow$$

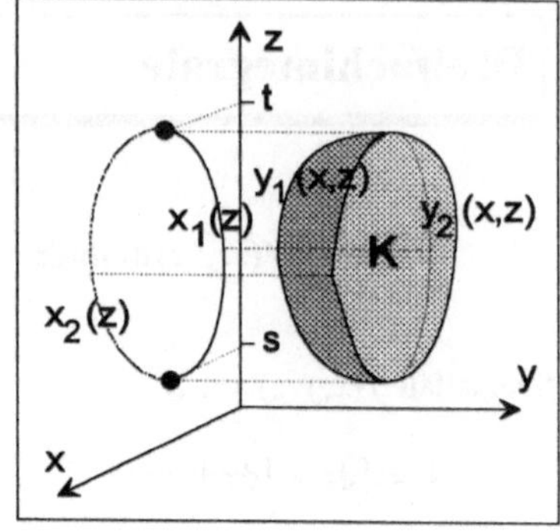

5. Integrationsreihenfolge x, z, y

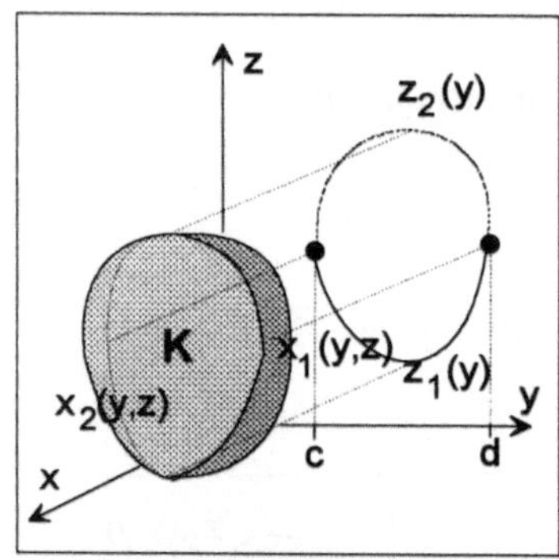

$$\leftarrow \quad \int_K f\,\mathrm{d}\tau = \int_c^d \left\{ \int_{z_1(y)}^{z_2(y)} \left[\int_{x_1(y,z)}^{x_2(y,z)} f(x,y,z)\,\mathrm{d}x \right] \mathrm{d}z \right\} \mathrm{d}y$$

6. Integrationsreihenfolge x, y, z

$$\int_K f\,\mathrm{d}\tau = \int_s^t \left\{ \int_{y_1(z)}^{y_2(z)} \left[\int_{x_1(y,z)}^{x_2(y,z)} f(x,y,z)\,\mathrm{d}x \right] \mathrm{d}y \right\} \mathrm{d}z \quad \rightarrow$$

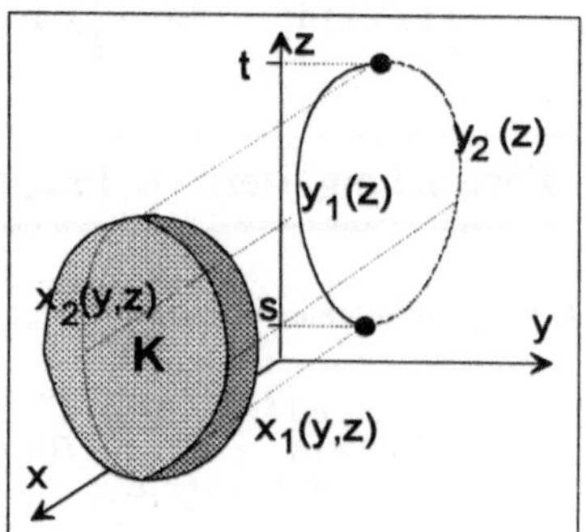

Substitution

Substitutionsregel für die Koordinatentransformation
$$\begin{aligned} x &= x(u,v,w) \\ y &= y(u,v,w) \\ z &= z(u,v,w) \end{aligned}$$

$$\iiint_K f(x,y,z)\,\mathrm{d}x\,\mathrm{d}y\,\mathrm{d}z = \iiint_{K^*} f(x(u,v,w),y(u,v,w),z(u,v,w))\frac{\partial(x,y,z)}{\partial(u,v,w)}\,\mathrm{d}u\,\mathrm{d}v\,\mathrm{d}w$$

oder

$$\mathrm{d}\tau = \mathrm{d}x\,\mathrm{d}y\,\mathrm{d}z = \frac{\partial(x,y,z)}{\partial(u,v,w)}\,\mathrm{d}u\,\mathrm{d}v\,\mathrm{d}w \ \dots \ \text{Transformation des Raumelements } \mathrm{d}\tau$$

mit

$$\frac{\partial(x,y,z)}{\partial(u,v,w)} = \begin{vmatrix} \frac{\partial x}{\partial u} & \frac{\partial x}{\partial v} & \frac{\partial x}{\partial w} \\ \frac{\partial y}{\partial u} & \frac{\partial y}{\partial v} & \frac{\partial y}{\partial w} \\ \frac{\partial z}{\partial u} & \frac{\partial z}{\partial v} & \frac{\partial z}{\partial w} \end{vmatrix} \ \dots \ \begin{matrix} \textbf{Funktionaldeterminante} \\ \textbf{des Funktionensystems} \end{matrix} \quad \begin{aligned} x &= x(u,v,w) \\ y &= y(u,v,w) \\ z &= z(u,v,w) \end{aligned}$$

Spezialfall **Zylinderkoordinaten** $x = r\cos\varphi$, $\quad y = r\sin\varphi$, $\quad z = z$:

$$\iiint\limits_{K} f(x,y,z)\,dx\,dy\,dz = \iiint\limits_{K^*} f(r\cos\varphi, r\sin\varphi)\,r\,dr\,d\varphi\,dz$$

Spezialfall **Kugelkoordinaten** $x = r\sin\vartheta\cos\varphi$, $\quad y = r\sin\vartheta\sin\varphi$, $\quad z = r\cos\vartheta$:

$$\iiint\limits_{K} f(x,y,z)\,dx\,dy\,dz = \iiint\limits_{K^*} f(r\sin\vartheta\cos\varphi, r\sin\vartheta\sin\varphi, r\cos\vartheta)\,r^2\sin\vartheta\,dr\,d\vartheta\,d\varphi$$

Raumelemente

kartesische Koordinaten x,y,z	$d\tau = dx\,dy\,dz$
Zylinderkoordinaten r,φ,z	$d\tau = r\,dr\,d\varphi\,dz$
Kugelkoordinaten r,ϑ,φ	$d\tau = r^2\sin\vartheta\,dr\,d\vartheta\,d\varphi$
allgemeine u,v,w-Koordinaten	$d\tau = \dfrac{\partial(x,y,z)}{\partial(u,v,w)}\,du\,dv\,dw$

Anwendungen

Volumen	$V = \int\limits_{K} d\tau$	
Masse	$M = \int\limits_{K} \rho\,d\tau$	$\rho = \rho(x,y,z)$ ... Massendichte

Schwerpunktskoordinaten (ρ ... Massendichte)		
homogener Körper	$x_S = \dfrac{1}{V}\int\limits_{K} x\,d\tau$	$y_S = \dfrac{1}{V}\int\limits_{K} y\,d\tau$	$z_S = \dfrac{1}{V}\int\limits_{K} z\,d\tau$
Körper mit Massendichte ρ	$x_S = \dfrac{1}{M}\int x\rho\,d\tau$	$y_S = \dfrac{1}{M}\int y\rho\,d\tau$	$z_S = \dfrac{1}{M}\int z\rho\,d\tau$

Trägheitsmomente (ρ ... Massendichte)		
Trägheitsmomente bzgl. Koordinatenachsen	$J_x = \int\limits_{K}(y^2+z^2)\rho\,d\tau$	$J_y = \int\limits_{K}(x^2+z^2)\rho\,d\tau$	$J_z = \int\limits_{K}(x^2+y^2)\rho\,d\tau$
Trägheitsmoment bzgl. beliebiger Achse A	$J_A = \int\limits_{K} r_A^2\rho\,d\tau$	r_A ... Abstand von Achse A
homogener Körper	setze $\rho = 1$	
Satz von Steiner homogener Körper	$J_A = a^2 V + J_S$	a ... Abstand Achse A - Schwerpunkt
Satz von Steiner Körper mit Massendichte ρ	$J_A = a^2 M + J_S$	S ... zu A parallele Achse durch Schwerpunkt

Vektoranalysis

Vektorfelder

Skalarfeld: $f \mid \mathbb{R}^3 \to \mathbb{R}$ mit $f(\mathbf{x}) = f(x,y,z)$ und $\mathbf{x} = \begin{pmatrix} x \\ y \\ z \end{pmatrix}$

Vektorfeld: $\mathbf{v} \mid \mathbb{R}^3 \to \mathbb{R}^3$ mit $\mathbf{v}(\mathbf{x}) = \begin{pmatrix} P(\mathbf{x}) \\ Q(\mathbf{x}) \\ R(\mathbf{x}) \end{pmatrix} = \begin{pmatrix} P(x,y,z) \\ Q(x,y,z) \\ R(x,y,z) \end{pmatrix} = P\,\mathbf{e}_x + Q\,\mathbf{e}_y + R\,\mathbf{e}_z$

Anwendung: *Flußmodelle* (Gase, Flüssigkeiten, Elektrizität)

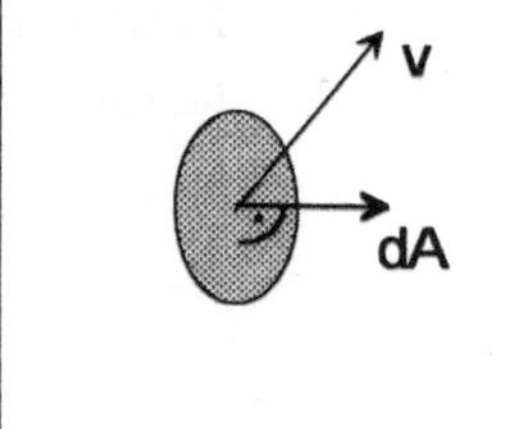

Einheitsvektor in Flußrichtung:	$\mathbf{e}_{\mathbf{v}} = \dfrac{\mathbf{v}}{\|\mathbf{v}\|}$
Flußstärke:	$\|\mathbf{v}\|$
vektorielles Flächenelement $d\mathbf{A}$:	
Flächeninhalt:	$\|d\mathbf{A}\|$
Normalenvektor:	$d\mathbf{A}$
Massenfluß pro Zeiteinheit von Strömung $\mathbf{v}$ durch Flächenelement $d\mathbf{A}$:	$\mathbf{v} \cdot d\mathbf{A}$

Parameterableitungen von Vektoren

Ein parameterabhängiger Vektor

$$\mathbf{x}(t) = \begin{pmatrix} x(t) \\ y(t) \\ z(t) \end{pmatrix} = x(t)\,\mathbf{e}_x + y(t)\,\mathbf{e}_y + z(t)\,\mathbf{e}_z$$

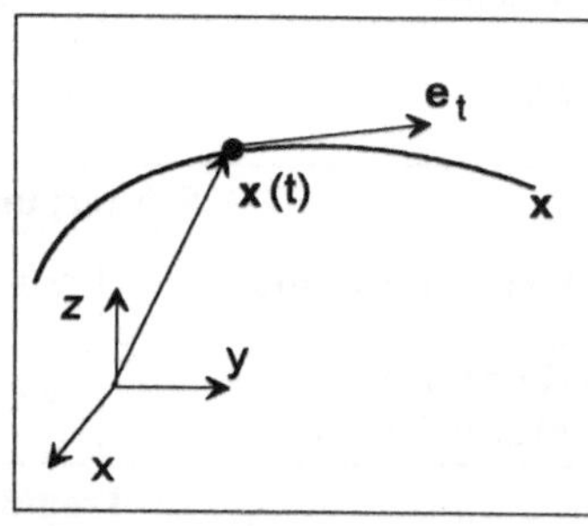

stellt eine *Raumkurve* dar. Sind x, y, z differenzierbar, so gilt

$$\dot{\mathbf{x}}(t) := \frac{d\mathbf{x}}{dt} := \lim_{\Delta t \to 0} \frac{\mathbf{x}(t+\Delta t) - \mathbf{x}(t)}{\Delta t} = \begin{pmatrix} \dot{x}(t) \\ \dot{y}(t) \\ \dot{z}(t) \end{pmatrix}.$$

◆ Tangenteneinheitsvektor der Raumkurve $\mathbf{x}$ im Kurvenpunkt $\mathbf{x}(t)$: $\mathbf{e}_t = \dfrac{\dot{\mathbf{x}}(t)}{\|\dot{\mathbf{x}}(t)\|}$.

Rechenregeln

$$\frac{d}{dt}(\mathbf{x}+\mathbf{y}) = \dot{\mathbf{x}} + \dot{\mathbf{y}} \qquad\qquad \frac{d}{dt}(\varphi\,\mathbf{x}) = \dot{\varphi}\,\mathbf{x} + \varphi\,\dot{\mathbf{x}}$$

$$\frac{d}{dt}(\mathbf{x}\cdot\mathbf{y}) = \dot{\mathbf{x}}\cdot\mathbf{y} + \mathbf{x}\cdot\dot{\mathbf{y}} \qquad\qquad \frac{d}{dt}(\mathbf{x}\times\mathbf{y}) = \dot{\mathbf{x}}\times\mathbf{y} + \mathbf{x}\times\dot{\mathbf{y}}$$

$$\frac{d}{dt}(\mathbf{x}\cdot\mathbf{y}\times\mathbf{z}) = \dot{\mathbf{x}}\cdot\mathbf{y}\times\mathbf{z} + \mathbf{x}\cdot\dot{\mathbf{y}}\times\mathbf{z} + \mathbf{x}\cdot\mathbf{y}\times\dot{\mathbf{z}}$$

$$\frac{d}{dt}[\mathbf{x}\times(\mathbf{y}\times\mathbf{z})] = \dot{\mathbf{x}}\times(\mathbf{y}\times\mathbf{z}) + \mathbf{x}\times(\dot{\mathbf{y}}\times\mathbf{z}) + \mathbf{x}\times(\mathbf{y}\times\dot{\mathbf{z}})$$

Gradient

Gradient eines Skalarfeldes f: $\quad\operatorname{\mathbf{grad}} f = \begin{pmatrix} \partial_x f \\ \partial_y f \\ \partial_z f \end{pmatrix}$

Richtungsableitung eines Skalarfeldes f: $\quad \dfrac{\partial f}{\partial s}(\mathbf{x}) = \mathbf{s} \cdot \operatorname{\mathbf{grad}} f(\mathbf{x})$

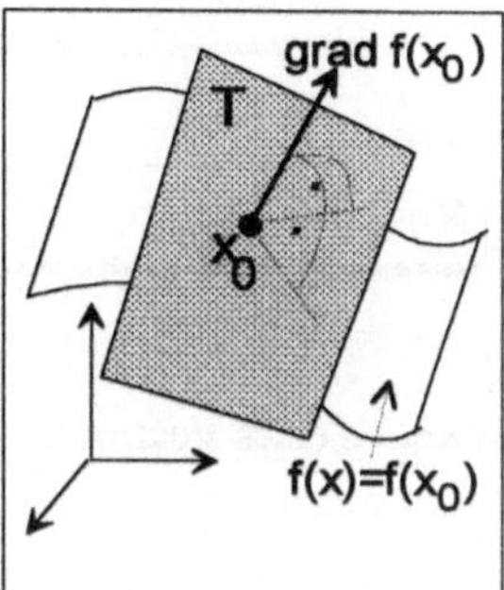

♦ $\operatorname{grad} f$ hat die Richtung maximaler Zunahme der Funktion f.

♦ $\operatorname{\mathbf{grad}} f(\mathbf{x}_0)$ steht senkrecht zur Tangentialebene T der Niveaufläche $f(\mathbf{x}) = f(\mathbf{x}_0)$ im Punkt $\mathbf{x}_0$, d.h. für jeden Punkt $\mathbf{x}$ der Tangentialebene gilt $\operatorname{\mathbf{grad}} f(\mathbf{x}_0) \cdot (\mathbf{x} - \mathbf{x}_0) = 0$

♦ **Rechenregeln** $(\mathbf{u} = (P^{(u)}, Q^{(u)}, R^{(u)})^T,\ \mathbf{v} = (P^{(v)}, Q^{(v)}, R^{(v)})^T)$

$$\operatorname{\mathbf{grad}}(f+g) = \operatorname{\mathbf{grad}} f + \operatorname{\mathbf{grad}} g \qquad \operatorname{\mathbf{grad}}(\lambda f) = \lambda \operatorname{\mathbf{grad}} f \qquad (\lambda \in \mathbb{R},\ \text{konstant})$$

$$\operatorname{\mathbf{grad}}(\mathbf{u} \cdot \mathbf{v}) = (\mathbf{u} \cdot \operatorname{\mathbf{grad}})\mathbf{v} + (\mathbf{v} \cdot \operatorname{\mathbf{grad}})\mathbf{u} + \mathbf{u} \cdot \operatorname{\mathbf{rot}} \mathbf{v} + \mathbf{v} \cdot \operatorname{\mathbf{rot}} \mathbf{u}$$

$$\text{mit}\quad (\mathbf{u} \cdot \operatorname{\mathbf{grad}})\mathbf{v} = \begin{pmatrix} P^{(u)}\partial_x P^{(v)} \\ Q^{(u)}\partial_y Q^{(v)} \\ R^{(u)}\partial_z R^{(v)} \end{pmatrix}, \quad (\mathbf{v} \cdot \operatorname{\mathbf{grad}})\mathbf{u} = \begin{pmatrix} P^{(v)}\partial_x P^{(u)} \\ Q^{(v)}\partial_y Q^{(u)} \\ R^{(v)}\partial_z R^{(u)} \end{pmatrix}$$

♦ Vektorfeld $\mathbf{v}$ heißt *konservatives* Feld oder *Potentialfeld*, wenn es ein Skalarfeld φ gibt mit $\mathbf{v}(\mathbf{x}) = \operatorname{\mathbf{grad}} \varphi$. Die Funktion φ heißt die zum Vektorfeld $\mathbf{v}$ gehörige *Potentialfunktion*.

♦ Der Operator $\nabla := \dfrac{\partial}{\partial x}\mathbf{e}_x + \dfrac{\partial}{\partial y}\mathbf{e}_y + \dfrac{\partial}{\partial z}\mathbf{e}_z$ heißt *Nabla-Operator*. Es gilt $\nabla f = \operatorname{\mathbf{grad}} f$.

♦ Zylinderkoordinaten $(f = f(r, \varphi, z))$: $\quad \operatorname{\mathbf{grad}} f = \mathbf{e}_r \partial_r f + \mathbf{e}_\varphi \dfrac{1}{r}\partial_\varphi f + \mathbf{e}_z \partial_z f$

Kugelkoordinaten $(f = f(r, \vartheta, \varphi))$: $\quad \operatorname{\mathbf{grad}} f = \mathbf{e}_r \partial_r f + \mathbf{e}_\vartheta \dfrac{1}{r}\partial_\vartheta f + \mathbf{e}_\varphi \dfrac{1}{r\sin\vartheta}\partial_\varphi f$

Divergenz

Divergenz eines Vektorfeldes $\mathbf{v} = \begin{pmatrix} P \\ Q \\ R \end{pmatrix}$: $\quad \operatorname{div} \mathbf{v} := \partial_x P + \partial_y Q + \partial_z R$

♦ Der Massenfluß einer Strömung $\mathbf{v}$ aus einem Volumenelement $d\tau$ heraus ist $(\operatorname{div} \mathbf{v})d\tau$.

♦ **Rechenregeln**

$$\operatorname{div}(\mathbf{u} + \mathbf{v}) = \operatorname{div} \mathbf{u} + \operatorname{div} \mathbf{v} \qquad\qquad \operatorname{div}(\lambda \mathbf{v}) = \lambda \operatorname{div} \mathbf{v} \qquad (\lambda \in \mathbb{R},\ \text{konstant})$$

$$\operatorname{div}(f\mathbf{v}) = \mathbf{v} \cdot \operatorname{\mathbf{grad}} f + f \operatorname{div} \mathbf{v} \qquad\qquad \operatorname{div}(\mathbf{u} \times \mathbf{v}) = \mathbf{v} \cdot \operatorname{\mathbf{rot}} \mathbf{u} - \mathbf{u} \cdot \operatorname{\mathbf{rot}} \mathbf{v}$$

♦ Es gilt $\nabla \cdot \mathbf{v} = \operatorname{div} \mathbf{v}$.

• Zylinderkoordinaten ($v = Re_r + \Phi e_\varphi + Ze_z$):　　　$div\ v = \frac{1}{r}\partial_r(rR) + \frac{1}{r}\partial_\varphi\Phi + \partial_z Z$

Kugelkoordinaten ($v = Re_r + \Theta e_\vartheta + \Phi e_\varphi$):
$$div\ v = \frac{1}{r^2}\partial_r(r^2 R) + \frac{1}{r\sin\vartheta}\partial_\vartheta(\Theta\sin\vartheta) + \frac{1}{r\sin\vartheta}\partial_\varphi\Phi$$

Rotation

Rotation eines Vektorfeldes $v = \begin{pmatrix} P \\ Q \\ R \end{pmatrix}$:

$$\mathbf{rot}\ v := (\partial_y R - \partial_z Q)\mathbf{e}_x + (\partial_z P - \partial_x R)\mathbf{e}_y + (\partial_x Q - \partial_y P)\mathbf{e}_z$$

• Die *Wirbeldichte* $w_s(x) = \lim\limits_{A\to(x,s)} \frac{1}{|A|} \oint\limits_{\partial(A)} v \cdot dx$　　eines Vektorfeldes v im Punkt x bezüglich

der Achse s ist $w_s(x) = \mathbf{e}_s \cdot \mathbf{rot}\ v$.

• **Rechenregeln**

$$\mathbf{rot}(u + v) = \mathbf{rot}\ u + \mathbf{rot}\ v \qquad\qquad \mathbf{rot}(\lambda v) = \lambda\,\mathbf{rot}\ v \qquad (\lambda \in \mathbb{R}\,,\ \text{konstant})$$

$$\mathbf{rot}(fv) = f\,\mathbf{rot}\ v - v \times \mathbf{grad}\ f$$

$$\mathbf{rot}(u \times v) = (v \cdot \mathbf{grad})u - (u \cdot \mathbf{grad})v + u\,div\ v - v\,div\ u$$

• **Es gilt**

$$\nabla \times v = \begin{vmatrix} \mathbf{e}_x & \mathbf{e}_y & \mathbf{e}_z \\ — & \nabla^T & — \\ — & v^T & — \end{vmatrix} = \begin{vmatrix} \mathbf{e}_x & \mathbf{e}_y & \mathbf{e}_z \\ \partial_x & \partial_y & \partial_z \\ P & Q & R \end{vmatrix} = \mathbf{rot}\ v \ .$$

• Zylinderkoordinaten ($v = Re_r + \Phi e_\varphi + Ze_z$):
$$\mathbf{rot}\ v = (\tfrac{1}{r}\partial_\varphi Z - \partial_z\Phi)\mathbf{e}_r + (\partial_z R - \partial_r Z)\mathbf{e}_\varphi + \tfrac{1}{r}(\partial_r(r\Phi) - \partial_\varphi R)\mathbf{e}_z$$

Kugelkoordinaten ($v = Re_r + \Theta e_\vartheta + \Phi e_\varphi$):
$$\mathbf{rot}\ v = \frac{1}{r\sin\vartheta}(\partial_\vartheta(\Phi\sin\vartheta) - \partial_\varphi\Theta)\mathbf{e}_r + \frac{1}{r}(\frac{1}{\sin\vartheta}\partial_\varphi R - \partial_r(r\Phi))\mathbf{e}_\vartheta + \frac{1}{r}(\partial_r(r\Theta) - \partial_\vartheta R)\mathbf{e}_\varphi$$

• Ein stetig differenzierbares Vektorfeld v ist genau dann ein Potentialfeld, wenn es wirbelfrei ist, d.h. wenn gilt

$$\partial_y R = \partial_z Q, \qquad \partial_z P = \partial_x R, \qquad \partial_x Q = \partial_y P \ .$$

• *Hauptsatz der Vektoranalysis:* Zu jedem stetig differenzierbaren Vektorfeld v, das zusammen mit seinen partiellen Ableitungen erster Ordnung im Unendlichen null ist, gibt es Vektorfelder u und w mit

$$v = u + w, \qquad \mathbf{rot}\ u = 0, \qquad div\ w = 0 \ .$$

Dabei sind u und w bis auf eine vektorielle Konstante eindeutig bestimmt.

Differentialoperatoren 2. Ordnung

- $\textbf{rot}(\textbf{grad}\,f) = 0$ Ein Potentialfeld ist wirbelfrei.

- $\text{div}(\textbf{rot}\,\textbf{v}) = 0$ Ein reines Wirbelfeld ist quellenfrei.

- $\text{div}(\textbf{grad}\,f) = \Delta f$ mit $\Delta f := \partial_{xx}f + \partial_{yy}f + \partial_{zz}f$

Der Operator $\Delta := \partial_{xx} + \partial_{yy} + \partial_{zz}$ heißt *Delta-Operator* oder *Laplace-Operator*.

- $\textbf{grad}(\text{div}\,\textbf{v}) = \begin{pmatrix} \partial_{xx} & \partial_{xy} & \partial_{xz} \\ \partial_{xy} & \partial_{yy} & \partial_{yz} \\ \partial_{xz} & \partial_{yz} & \partial_{zz} \end{pmatrix} \begin{pmatrix} P \\ Q \\ R \end{pmatrix} = \begin{pmatrix} \partial_{xx}P + \partial_{xy}Q + \partial_{xz}R \\ \partial_{xy}P + \partial_{yy}Q + \partial_{yz}R \\ \partial_{xz}P + \partial_{yz}Q + \partial_{zz}R \end{pmatrix}$

- $\textbf{rot}(\textbf{rot}\,\textbf{v}) = \textbf{grad}(\text{div}\,\textbf{v}) - \Delta\textbf{v}$ mit $\Delta\textbf{v} := \partial_{xx}P + \partial_{yy}Q + \partial_{zz}R$

- Zylinderkoordinaten: $\Delta f = \partial_{rr}f + \dfrac{1}{r}\partial_{rr}f + \dfrac{1}{r^2}\partial_{\varphi\varphi}f + \partial_{zz}f$

    Kugelkoordinaten: $\Delta f = \dfrac{1}{r^2}\partial_r(r^2\partial_r f) + \dfrac{1}{r^2\sin\vartheta}\partial_\vartheta((\sin\vartheta)\partial_\vartheta f) + \dfrac{1}{r^2\sin\vartheta}\partial_{\varphi\varphi}f$

Linienintegrale 2. Art

Es seien C eine stückweise glatte Raumkurve mit der Parameterdarstellung $\textbf{x}(t) = \begin{pmatrix} x(t) \\ y(t) \\ z(t) \end{pmatrix}$,

$a \leq t \leq b$, und $\textbf{v} = \begin{pmatrix} P \\ Q \\ R \end{pmatrix}$ ein stetiges Vektorfeld. Das *Linienintegral (Kurvenintegral)* 2. *Art* ist

$$L := \int_C \textbf{v} \cdot d\textbf{x} \quad\text{mit}\quad d\textbf{x} = \begin{pmatrix} dx \\ dy \\ dz \end{pmatrix} = \begin{pmatrix} \dot{x}(t) \\ \dot{y}(t) \\ \dot{z}(t) \end{pmatrix} dt \ .$$

- Es gilt $L = \displaystyle\int_a^b \{P(x(t),y(t),z(t))\dot{x}(t) + Q(x(t),y(t),z(t))\dot{y}(t) + R(x(t),y(t),z(t))\dot{z}(t)\}\,dt$.

- Ist $\textbf{v}$ ein Kraftfeld, so ist L die Arbeit für die Verschiebung eines Punktes mit Masse Eins von $\textbf{x}(a)$ nach $\textbf{x}(b)$ längs der Kurve C.

- Ist $\textbf{v}$ ein elektrisches Feld, so ist L der Spannungsabfall zwischen $\textbf{x}(a)$ und $\textbf{x}(b)$.

- Für stetig partiell differenzierbare Vektorfelder $\textbf{v}$ ist das Linienintegral L genau dann wegunabhängig, d.h. nur vom Anfangspunkt $\textbf{x}(a)$ und Endpunkt $\textbf{x}(b)$ abhängig, wenn das Vektorfeld $\textbf{v}$ ein Potentialfeld ist.

Oberflächenintegrale 2. Art

Es seien F ein i.allg. gekrümmtes Flächenstück mit der Parameterdarstellung $\mathbf{x}(u,v)$, $(u,v) \in B$, und $\mathbf{v}$ ein stetiges Vektorfeld. Das *Oberflächenintegral 2. Art* ist

$$I = \int_F \mathbf{v}\cdot\mathbf{db} \qquad \text{mit} \quad \mathbf{db} = \underbrace{(\partial_u\mathbf{x} \times \partial_v\mathbf{x})}_{=\,\mathbf{n}\,\ldots\,\text{Normalenvektor von } F}\, du\, dv$$

- Berechnung: $\displaystyle \int_F \mathbf{v}\cdot\mathbf{db} = \iint_B \begin{vmatrix} P & Q & R \\ \partial_u x & \partial_u y & \partial_u z \\ \partial_v x & \partial_v y & \partial_v z \end{vmatrix} du\, dv$ mit $\mathbf{v} = \begin{pmatrix} P \\ Q \\ R \end{pmatrix}$ und $\mathbf{x}(u,v) = \begin{pmatrix} x(u,v) \\ y(u,v) \\ z(u,v) \end{pmatrix}$

- Ist $\mathbf{v}$ eine Strömung, so ist I die pro Zeiteinheit durch das Flächenstück hindurch fließende Menge (Vorzeichen im Sinne der Orientierung der Fläche).

Integralsätze

Integralsatz von Gauß: Es seien K ein Körper mit stückweise glatter, nach außen orientierter Oberfläche F und $\mathbf{v}$ ein stetig partiell differenzierbares Vektorfeld. Dann gilt

$$\oint_F \mathbf{v}\cdot\mathbf{db} = \int_K (\mathrm{div}\,\mathbf{v})\, d\tau \quad \text{oder:} \quad \iint_B \begin{vmatrix} P & Q & R \\ \partial_u x & \partial_u y & \partial_u z \\ \partial_v x & \partial_v y & \partial_v z \end{vmatrix} du\, dv = \iiint_K (\partial_x P + \partial_y Q + \partial_z R)\, dx\, dy\, dz \quad .$$

Integralsatz von Gauß für die Ebene: Es seien B ein ebenes Flächenstück mit stückweise glatter Randkurve C, die das Flächenstück zur Linken hat, und $\mathbf{v}$ ein stetig partiell differenzierbares ebenes Vektorfeld. Dann gilt

$$\oint_C (P dx + Q dy) = \iint_B (\partial_x Q - \partial_y P)\, dx\, dy \quad , \qquad \text{wobei} \quad \mathbf{v} = \begin{pmatrix} P \\ Q \end{pmatrix} \quad .$$

Integralsatz von Stokes: Es seien F eine stückweise glatte Fläche mit einer stückweise glatten, bezüglich F positiv orientierten Randkurve C und $\mathbf{v}$ ein stetig partiell differenzierbares Vektorfeld. Dann gilt

$$\oint_C \mathbf{v}\cdot\mathbf{dx} = \int_F (\mathrm{rot}\,\mathbf{v})\cdot\mathbf{db} \quad .$$

Greensche Integralsätze: Es seien K ein Körper mit stückweise glatter, nach außen orientierter Oberfläche F und $f,\,g$ zwei stetig partiell differenzierbare Skalarfelder. Dann gelten

$$\int_K (\mathrm{grad}\,f \cdot \mathrm{grad}\,g + f\Delta g)\, d\tau = \oint_F f\frac{\partial g}{\partial \mathbf{n}}\, db \qquad\qquad \text{1. Greenscher Satz,}$$

$$\int_K (f\Delta g - g\Delta f)\, d\tau = \oint_F (f\frac{\partial g}{\partial \mathbf{n}} - g\frac{\partial f}{\partial \mathbf{n}})\, db \qquad\qquad \text{2. Greenscher Satz,}$$

$$\int_K (\mathrm{grad}f \cdot \mathrm{grad}f + f\Delta f)\, d\tau = \oint_F f\frac{\partial f}{\partial n}\, db \qquad\qquad \text{3. Greenscher Satz.}$$

Partielle Differentialgleichungen

Die Darstellung erfolgt nur für Funktionen u von zwei Veränderlichen mit Werten $u = u(x,y)$. Statt beliebiger Konstanten bei gewöhnlichen Differentialgleichungen treten in den allgemeinen Lösungen partieller Differentialgleichungen beliebige differenzierbare Funktionen auf.

Partielle Differentialgleichungen 1. Ordnung

Die allgemeine partielle Differentialgleichung erster Ordnung hat die Form

$$F(x, y, u, \partial_x u, \partial_y u) = 0.$$

Die *quasilineare* partielle Differentialgleichung erster Ordnung

$$a(x, y, u)\partial_x u + b(x, y, u)\partial_y u = c(x, y, u)$$

hat die Lösung in impliziter Form $\varphi(f(x, y, u), g(x, y, u)) = 0$, wobei φ eine beliebige partiell differenzierbare Funktion von zwei Variablen ist, und die Funktionen f, g durch die zwei folgenden gewöhnlichen Differentialgleichungen definiert sind:

$$\frac{\mathrm{d}y}{\mathrm{d}x} = \frac{b(x, y, u)}{a(x, y, u)} \quad \Rightarrow \quad \text{Lösung } f(x, y, u) = C_1,$$

$$\frac{\mathrm{d}u}{\mathrm{d}x} = \frac{c(x, y, u)}{a(x, y, u)} \quad \Rightarrow \quad \text{Lösung } g(x, y, u) = C_2.$$

Partielle Differentialgleichungen 2. Ordnung

Die allgemeine partielle Differentialgleichung zweiter Ordnung hat die Form

$$F(x, y, u, \partial_x u, \partial_y u, \partial_{xx} u, \partial_{xy} u, \partial_{yy} u) = 0.$$

Normalformen linearer partieller Differentialgleichungen zweiter Ordnung

Die allgemeine lineare partielle Differentialgleichung zweiter Ordnung

$$a_{11}(x, y)\partial_{xx} u + 2a_{12}(x, y)\partial_{xy} u + a_{22}(x, y)\partial_{yy} u$$

$$+ b_1(x, y)\partial_x u + b_2(x, y)\partial_y u + c(x, y)u = r(x, y)$$

kann mit dem Nabla-Operator ∇, den Substitutionen

$$\bar{b}_1(x, y) = b_1(x, y) - \partial_x a_{11}(x, y) - \partial_y a_{22}(x, y),$$

$$\bar{b}_2(x, y) = b_2(x, y) - \partial_x a_{12}(x, y) - \partial_y a_{22}(x, y),$$

der symmetrischen Matrix $\mathbf{A} = (a_{ij}(x, y))$ und dem Vektor $\bar{\mathbf{b}} = (\bar{b}_i(x, y))$ in der Form

$$(\nabla^T A \nabla)u + (\bar{\mathbf{b}}^T \nabla)u + cu = r$$

geschrieben werden. Durch die Drehung des (x,y)-Koordinatensystems in ein (ξ,η)-Koordinatensystem mittels der Drehmatrix S, deren Spalten die orthonormierten Eigenvektoren der Matrix A sind,

$$\begin{pmatrix} \xi \\ \eta \end{pmatrix} = S^T \begin{pmatrix} x \\ y \end{pmatrix} = \begin{pmatrix} s_{11}x + s_{21}y \\ s_{12}x + s_{22}y \end{pmatrix}, \text{ bzw. } \begin{pmatrix} x \\ y \end{pmatrix} = S \begin{pmatrix} \xi \\ \eta \end{pmatrix} = \begin{pmatrix} s_{11}\xi + s_{12}\eta \\ s_{21}\xi + s_{22}\eta \end{pmatrix},$$

und den Bezeichnungen bezüglich der neuen Koordinaten

$$u(\xi,\eta) := u(s_{11}\xi + s_{12}\eta, s_{21}\xi + s_{22}\eta), \text{ entsprechend: } \tilde{\mathbf{b}}(\xi,\eta),\ \tilde{c}(\xi,\eta),\ \tilde{r}(\xi,\eta)$$

$$\tilde{\nabla} := \begin{pmatrix} \partial_\xi \\ \partial_\eta \end{pmatrix}, \qquad \tilde{\mathbf{p}} = (\tilde{p}_i(\xi,\eta)) := S^T \tilde{\mathbf{b}}$$

entsteht die partielle Differentialgleichung bezüglich der Koordinaten ξ,η

$$\left(\tilde{\nabla}^T S^T A S \tilde{\nabla}\right)\tilde{u} + \left(\tilde{\mathbf{p}}^T \tilde{\nabla}\right)\tilde{u} + \tilde{c}\tilde{u} = \tilde{r},$$

in Komponenten:

$$\lambda_1 \partial_{\xi\xi}\tilde{u} + \lambda_2 \partial_{\eta\eta}\tilde{u} + \tilde{p}_1 \partial_\xi\tilde{u} + \tilde{p}_2 \partial_\eta\tilde{u} + \tilde{c}\tilde{u} = \tilde{r}.$$

Diese und die Ausgangs-Differentialgleichung heißen im Punkt $P(x,y) = \tilde{P}(\xi,\eta)$ für

$$\lambda_1 \cdot \lambda_2 > 0, \quad \text{also für} \quad a_{11}a_{22} - a_{12}^2 > 0, \quad \textit{elliptische Differentialgleichung,}$$
$$\lambda_1 \cdot \lambda_2 = 0, \quad \text{also für} \quad a_{11}a_{22} - a_{12}^2 = 0, \quad \textit{parabolische Differentialgleichung,}$$
$$\lambda_1 \cdot \lambda_2 < 0, \quad \text{also für} \quad a_{11}a_{22} - a_{12}^2 < 0, \quad \textit{hyperbolische Differentialgleichung.}$$

Im elliptischen und hyperbolischen Fall durch Substitutionen (für $\lambda_1 > 0$ durch $\bar{x} = \xi / \sqrt{\lambda_1}$, $\bar{y} = \eta / \sqrt{|\lambda_2|}$) und im parabolischen Fall durch einfache Umformung (für $\lambda_1 \neq 0$ Division durch p_2) entstehen die *Normalformen.*

♦ Verwendet man wieder x,y für die Variablen, so lauten die *Normalformen*

$$\partial_{xx}u + \partial_{yy}u + a_1(x,y)\partial_x u + a_2(x,y)\partial_y u + c(x,y)u = r(x,y) \quad \textit{elliptische Normalform,}$$
$$\partial_{xx}u - \partial_{yy}u + a_1(x,y)\partial_x u + a_2(x,y)\partial_y u + c(x,y)u = r(x,y) \quad \textit{hyperbolische Normalform,}$$
$$\partial_y u = b_2(x,y)\partial_{xx}u + b_1(x,y)\partial_x u + c(x,y)u + r(x,y) \qquad \textit{parabolische Normalform.}$$

♦ Vom Typ der elliptischen Normalform sind

$$\Delta u = 0 \qquad \textit{Potentialgleichung,}$$

$$\Delta u = r(x,y) \qquad \textit{Poisson-Gleichung.}$$

♦ Vom Typ der hyperbolischen Differentialgleichung ist die *Wellengleichung*

$$\partial_{tt}u - c^2 \partial_{xx}u = 0, \qquad \text{allgemeine Lösung:} \qquad u(x,t) = f(x - ct) + g(x + ct).$$

Zufällige Ereignisse

Ein Versuch, der unter Beibehaltung aller Bedingungen beliebig oft wiederholbar ist, dessen Ergebnis aber innerhalb gewisser Grenzen unbestimmt ist, heißt *zufälliger Versuch*. Das Ergebnis eines zufälligen Versuchs heißt *zufälliges Ereignis*. Ein Ereignis, das stets eintritt, heißt *sicheres Ereignis* Ω; eines, das nie eintritt, heißt *unmögliches Ereignis* $\varnothing$.

Verknüpfungen

$A \subset B$	Ereignis A zieht Ereignis B nach sich.
$A \cup B$	Ereignis A oder Ereignis B oder beide eingetreten.
$A \cap B$	Ereignis A und Ereignis B beide eingetreten
$A \cap B = \varnothing$	Ereignisse A und B *unvereinbar* oder *disjunkt*.
$\overline{A}$	*entgegengesetztes* oder *komplementäres Ereignis*; tritt genau dann ein, wenn A nicht eintritt.

Rechenregeln

$$A \cup (B \cap C) = (A \cup B) \cap (A \cup C) \qquad \overline{A \cup B} = \overline{A} \cap \overline{B} \qquad A \cup \overline{A} = \Omega$$

$$A \cap (B \cup C) = (A \cap B) \cup (A \cap C) \qquad \overline{A \cap B} = \overline{A} \cup \overline{B} \qquad A \cap \overline{A} = \varnothing$$

- Ein System von Ereignissen, das sich durch Anwendung von Verknüpfungen nicht erweitern läßt, heißt *Ereignisfeld E*. Ereignisse, die sich in *E* nicht zerlegen lassen, heißen *Elementarereignisse* von *E*.

- Ein System $\{A_i\}$ paarweise disjunkter Ereignisse A_i heißt *vollständig*, wenn $\cup A_i = \Omega$ gilt.

Wahrscheinlichkeit

Statistischer Wahrscheinlichkeitsbegriff

$$H_n(A) = \frac{h_n(A)}{n} \qquad \ldots \qquad$$
relative Häufigkeit des Ereignisses A in einer Reihe von n Versuchen, bei der A genau h_n-mal eintritt

$$P(A) = \lim_{n \to \infty} H_n(A) \qquad \ldots \qquad$$ *statistische Wahrscheinlichkeit*

Klassischer Wahrscheinlichkeitsbegriff

Das Ereignisfeld *E* sei endlich, und alle Elementarereignisse von *E* seien gleichmöglich. Das Ereignis A trete ein, wenn eines der für A günstigen Elementarereignisse eintritt.

$$P(A) = \frac{\text{Zahl der für } A \text{ günstigen Elementarereignisse}}{\text{Zahl der möglichen Elementarereignisse}} \quad \ldots \textit{klassische Wahrscheinlichkeit}$$

Geometrischer Wahrscheinlichkeitsbegriff

$$P(A) = \frac{\text{Länge von } i}{\text{Länge von } I}$$
Ereignis A: Eine zufällig aus dem Intervall I gewählte Zahl liegt im Intervall i.

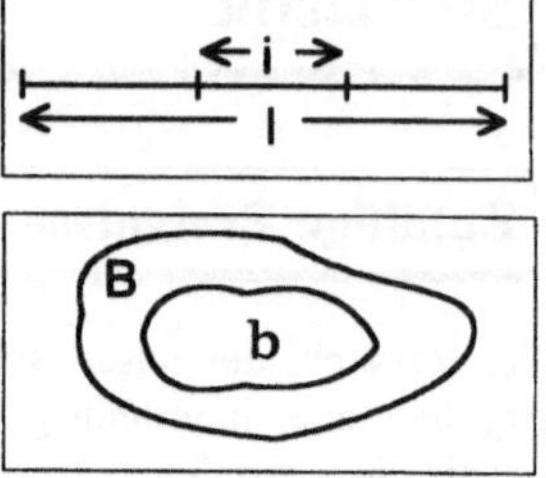

$$P(A) = \frac{\text{Fläche von } b}{\text{Fläche von } B}$$
Ereignis A: Ein zufällig aus B gewählter Punkt liegt in b.

Axiomatischer Wahrscheinlichkeitsbegriff

Es sei E ein Ereignisfeld. Eine Funktion $P \mid E \to \mathbb{R}$ heißt *Wahrscheinlichkeit*, wenn sie die folgenden Axiome erfüllt:

$$0 \leq P(A) \leq 1 \qquad \text{für alle } A \in E$$

$$P(\Omega) = 1$$

$$P(A \cup B) = P(A) + P(B) \qquad \text{für alle disjunkten Ereignisse } A,B \in E$$

$$P\left(\bigcup_{i=1}^{\infty} A_i\right) = \sum_{i=1}^{\infty} P(A_i) \qquad \text{für alle paarweise disjunkten Ereignisse } A_i \in E$$

Eigenschaften

$$P(\varnothing) = 0 \qquad\qquad P(\Omega) = 1 \qquad\qquad P(\bar{A}) = 1 - P(A)$$

$$A \subset B \quad \Rightarrow \quad P(A) \leq P(B)$$

$$P(A \cup B) = P(A) + P(B) - P(A \cap B)$$

- Ereignisse A,B heißen *unabhängig*, falls $P(A \cap B) = P(A) \cdot P(B)$ gilt, andernfalls *abhängig*.

- Die Wahrscheinlichkeit für das Eintreten des Ereignisses B unter der Voraussetzung, daß das Ereignis A bereits eingetreten ist, heißt *bedingte Wahrscheinlichkeit* $P(A/B)$. Es gilt

$$P(A \cap B) = P(A) \cdot P(B/A) = P(B) \cdot P(A/B) \ .$$

- *Satz von der totalen Wahrscheinlichkeit*: Es sei $\{A_i, i = 1, \ldots, n\}$ ein vollständiges System von Ereignissen. Dann gilt

$$P(B) = \sum_{i=1}^{n} P(A_i)P(B/A_i) \ .$$

- *Formel von Bayes*: Es sei $\{A_i, i = 1, \ldots, n\}$ ein vollständiges System von Ereignissen. Dann gilt

$$P(A_i/B) = \frac{P(A_i)P(B/A_i)}{\sum\limits_{j=1}^{n} P(A_j)P(B/A_j)} \ .$$

Verteilungsfunktion und Dichte

Wird ein zufälliges Ereignis durch eine Zahl dargestellt, so wird diese Zahl *Zufallsgröße X* genannt. Die *Verteilungsfunktion* einer Zufallsgröße X ist die Funktion

$$F(x) := P(X < x) , \qquad x \in \mathbb{R} .$$

Eigenschaften

$$0 \le F(x) \le 1 \quad \text{für alle } x \in \mathbb{R} \qquad\qquad \lim_{x \to -\infty} F(x) = 0 \qquad\qquad \lim_{x \to \infty} F(x) = 1$$

$$P(a \le X < b) = F(b) - F(a)$$

- Jede Verteilungsfunktion F ist eine monoton wachsende Funktion.

- Eine Zufallsgröße heißt *diskret*, wenn sie nur endlich oder abzählbar unendlich viele Werte annehmen kann. Sind x_i die Werte von X für ein vollständiges System von Elementarereignissen und $P(X = x_i) = p_i$ die *Einzelwahrscheinlichkeiten* der Zufallsgröße X, so gilt

$$F(x) = \sum_{x_i < x} p_i .$$

Die Verteilungsfunktion F einer diskreten Zufallsgröße ist eine Treppenfunktion.

- Eine Zufallsgröße heißt *stetig*, wenn sich ihre Verteilungsfunktion F in der Form

$$F(x) = \int_{-\infty}^{x} f(t) \, dt$$

darstellen läßt. Die Funktion f heißt *Dichtefunktion* der Zufallsgröße X. Die Verteilungsfunktion F einer stetigen Zufallsgröße ist eine für alle x definierte stetige Funktion.

Eigenschaften

$$f(t) \ge 0 \quad \text{für alle } t \in \mathbb{R} \qquad\qquad \lim_{t \to -\infty} f(t) = 0 \qquad\qquad \lim_{t \to \infty} f(t) = 0$$

$$P(a \le X \le b) = \int_{a}^{b} f(t) \, dt \qquad\qquad \int_{-\infty}^{\infty} f(t) \, dt = 1 \qquad\qquad f(t) = F'(t)$$

- *Transformation von Zufallsgrößen.* Die Zufallsgröße X habe die Dichtefunktion f. Dann hat die transformierte Zufallsgröße $Y = g(X)$ die Dichtefunktion (falls g streng monoton ist)

$$f_Y(t) = f(g^{-1}(t))(g^{-1}(t))' .$$

Erwartungswert und Streuung

	Definition	diskrete Zufallsgröße X	stetige Zufallsgröße X
Erwartungswert	$\mu = E(X)$	$\sum\limits_{i=1}^{\infty} x_i p_i$	$\int\limits_{-\infty}^{\infty} x f(x)\,\mathrm{d}x$
Streuung, Varianz	$\sigma^2 = D^2(X) = E((X-\mu)^2)$	$\sum\limits_{i=1}^{\infty} (x_i - \mu)^2 p_i$	$\int\limits_{-\infty}^{\infty} (x-\mu)^2 f(x)\,\mathrm{d}x$

- Die Größe $\sigma = \sqrt{D^2(X)}$ wird als *Standardabweichung* bezeichnet.[1]

- Es gilt

$$D^2(X) = E(X^2) - (E(X))^2 = \begin{cases} \sum\limits_{i=1}^{\infty} x_i^2 p_i - \mu^2 & \text{für diskrete Zufallsgröße } X \\ \int\limits_{-\infty}^{\infty} x^2 f(x)\,\mathrm{d}x - \mu^2 & \text{für stetige Zufallsgröße } X \end{cases}$$

- *Tschebyscheffsche Ungleichung*

$$P(|X - \mu| \geq a) \leq \frac{\sigma^2}{a^2} \quad \text{für } a > 0$$

- *Standardisierte Zufallsgrößen.* Zufallsgrößen mit Erwartungswert $\mu = 0$ und Streuung $\sigma^2 = 1$ werden als standardisierte Zufallsgrößen bezeichnet. Ist X eine Zufallsgröße mit Erwartungswert μ und Streuung σ^2, so hat die transformierte Zufallsgröße

$$Y = \frac{X - \mu}{\sigma}$$

den Erwartungswert $\mu_Y = 0$ und die Streuung $\sigma_Y^2 = 1$.

Spezielle diskrete Verteilungen

	Einzelwahrscheinlichkeit p_k $k = 0, 1, \dots$	Erwartungswert μ	Streuung σ^2	Rekursionsformel $p_{k+1} =$
Binomialverteilung $0 \leq p \leq 1,\ 0 \leq k \leq n$	$\binom{n}{k} p^k (1-p)^{n-k}$	np	$np(1-p)$	$\dfrac{n-k}{k+1} \cdot \dfrac{p}{1-p} p_k$
Hypergeometrische Verteilung $M \leq N,\ n \leq N,\ k \leq n$ $k \leq M,\ n-k \leq N-M$	$\dfrac{\binom{M}{k}\binom{N-M}{n-k}}{\binom{N}{n}}$	np mit $p = \frac{M}{N}$	$np(1-p)\frac{N-n}{N-1}$	$\frac{n-k}{k+1} \cdot \frac{M-k}{N-M-n+k+1} p_k$
Poissonverteilung $\lambda > 0$	$\dfrac{\lambda^k}{k!} e^{-\lambda}$	λ	λ	$\dfrac{\lambda}{k+1} p_k$

---

[1]   Die Bezeichnungen für σ und σ^2 sind in der Literatur nicht einheitlich.

Spezielle stetige Verteilungen

	Dichtefunktion	Erwartungswert μ	Streuung σ^2	Graph der Dichtefunktion
Gleichverteilung	$\begin{aligned} 0 \quad &\text{für } x \le a \\ \tfrac{1}{b-a} \quad &\text{für } a < x < b \\ 0 \quad &\text{für } x \ge b \end{aligned}$	$\dfrac{a+b}{2}$	$\dfrac{(b-a)^2}{12}$	
Exponentialverteilung	$\begin{aligned} 0 \quad &\text{für } x \le 0 \\ \lambda e^{-\lambda x} \quad &\text{für } x > 0 \end{aligned}$	$\dfrac{1}{\lambda}$	$\dfrac{1}{\lambda^2}$	
Normalverteilung $N(\mu,\sigma^2)$	$\dfrac{1}{\sqrt{2\pi}\,\sigma}\, e^{-\frac{(x-\mu)^2}{2\sigma^2}}$	μ	σ^2	
standardisierte Normalverteilung $N(0,1)$ Verteilungsfunktion $\Phi(x)$	einseitige und zweiseitige Quantile (siehe auch ► Statistische Tabellen) $\begin{array}{l\|l\|l\|l} q & 0.950 & 0.990 & 0.999 \\ \hline z_q & 1.645 & 2.326 & 3.090 \\ \hline w_q & 1.960 & 2.576 & 3.291 \end{array}$			
t-Verteilung mit m Freiheitsgraden ($m \ge 3$)	$\dfrac{\Gamma(\frac{m+1}{2})}{\sqrt{\pi m}\,\Gamma(\frac{m}{2})}\left(1+\dfrac{x^2}{m}\right)^{-\frac{m+1}{2}}$	0	$\dfrac{m}{m-2}$	
χ^2-Verteilung mit m Freiheitsgraden ($m \ge 1$)	$\begin{aligned} 0 \quad &\text{für } x \le 0 \\ \dfrac{x^{\frac{m}{2}-1}\,e^{-\frac{x}{2}}}{2^{\frac{m}{2}}\,\Gamma(\frac{m}{2})} \quad &\text{für } x > 0 \end{aligned}$	m	$2m$	
F-Verteilung mit (m,n) Freiheitsgraden ($m \ge 1,\ n \ge 1$)	$\begin{aligned} 0 \qquad\qquad &x \le 0 \\ \dfrac{\Gamma(\frac{m+n}{2})m^{\frac{m}{2}} n^{\frac{n}{2}} x^{\frac{m}{2}-1}}{\Gamma(\frac{m}{2})\Gamma(\frac{n}{2})(n+mx)^{\frac{m+n}{2}}} \quad &x > 0 \end{aligned}$	$\dfrac{n}{n-2}$ $(n \ge 3)$	$\dfrac{2n^2}{n-4}\cdot\dfrac{m+n-2}{m(n-2)^2}$ $(n \ge 5)$	
Weibull-Verteilung	$\begin{aligned} 0 \qquad\quad &\text{für } x \le 0 \\ \dfrac{\gamma}{\beta}\left(\dfrac{x}{\beta}\right)^{\gamma-1} e^{-\left(\frac{x}{\beta}\right)^{\gamma}} \quad &\text{für } x > 0 \end{aligned}$	$\beta\Gamma\!\left(1+\tfrac{1}{\gamma}\right)$	$\beta^2\big(\Gamma(1+\tfrac{2}{\gamma}) -\Gamma^2(1+\tfrac{1}{\gamma})\big)$	

Zweidimensionale Zufallsgrößen

Sind X, Y Zufallsgrößen, so heißt das Tupel (X, Y) *zweidimensionale Zufallsgröße*. Ihre Verteilungsfunktion ist

$$F(x,y) = P((X < x) \wedge (Y < y)) .$$

Sie heißen *unabhängig*, wenn $\{X < x\}$ und $\{Y < y\}$ unabhängige Ereignisse sind.

◆ Sind X und Y beide diskrete Zufallsgrößen, die die Werte $x_i, i = 1, 2, \ldots$, und $y_j, j = 1, 2, \ldots$, annehmen, so ist (X, Y) eine *diskrete* zweidimensionale Zufallsgröße mit

$$p_{ij} = P((X = x_i) \wedge (Y = y_j)) \quad \ldots \quad \textit{Einzelwahrscheinlichkeiten,}$$

$$F(x,y) = \sum_{\substack{x_i < x \\ y_j < y}} p_{ij} \quad \ldots \quad \textit{Verteilungsfunktion}$$

◆ Eine zweidimensionale Zufallsgröße heißt *stetig*, wenn für ihre Verteilungsfunktion gilt

$$F(x,y) = \int_{-\infty}^{x} \int_{-\infty}^{y} f(s, t)\, dt\, ds \quad \text{mit } f(s, t) \ \ldots \ \textit{Dichtefunktion.}$$

Randverteilungen

◆ Aus den Einzelwahrscheinlichkeiten p_{ij} einer diskreten zweidimensionalen Zufallsgröße (X, Y) erhält man die Einzelwahrscheinlichkeiten der einzelnen Komponenten als sogenannte *Randverteilungen*:

$$P(X = x_i) = \sum_{j} p_{ij} \ , \qquad P(Y = y_j) = \sum_{i} p_{ij} \ .$$

◆ Aus der Dichtefunktion $f(s, t)$ einer zweidimensionalen stetigen Zufallsgröße (X, Y) erhält man die Dichte der einzelnen Komponenten als *Randverteilungen*

$$f_X(s) = \int_{-\infty}^{\infty} f(s, t)\, dt \ , \qquad f_Y(t) = \int_{-\infty}^{\infty} f(s, t)\, ds \ .$$

◆ Die Zufallsgrößen X, Y sind unabhängig, wenn gilt

$$p_{ij} = P(X = x_i) \cdot P(Y = y_j) \qquad \text{bzw.} \qquad f(x,y) = f_X(x) \cdot f_Y(y)$$

Momente

erste Momente zweidimensionaler Zufallsgrößen

	diskret	stetig
$\mu_x = E(X)$	$\sum_{i,j} x_i p_{ij}$	$\int_{-\infty}^{\infty} \int_{-\infty}^{\infty} x f(x,y)\, dx\, dy$
$\mu_y = E(Y)$	$\sum_{i,j} y_j p_{ij}$	$\int_{-\infty}^{\infty} \int_{-\infty}^{\infty} y f(x,y)\, dx\, dy$

zweite zentrale Momente zweidimensionaler Zufallsgrößen

	diskret	stetig
$\sigma_{xx} = E((X-\mu_x)^2)$ $= D^2(X) = \sigma_x^2$	$\sum\limits_{i,j}(x_i-\mu_x)^2 p_{ij}$	$\int\limits_{-\infty}^{\infty}\int\limits_{-\infty}^{\infty}(x-\mu_x)^2 f(x,y)\,dx\,dy$
$\sigma_{xy} = E((X-\mu_x)(Y-\mu_y))$	$\sum\limits_{i,j}(x_i-\mu_x)(y_j-\mu_y)p_{ij}$	$\int\limits_{-\infty}^{\infty}\int\limits_{-\infty}^{\infty}(y-\mu_y)(y-\mu_y)f(x,y)\,dx\,dy$
$\sigma_{yy} = E((Y-\mu_y)^2)$ $= D^2(Y) = \sigma_y^2$	$\sum\limits_{i,j}(y_j-\mu_y)^2 p_{ij}$	$\int\limits_{-\infty}^{\infty}\int\limits_{-\infty}^{\infty}(y-\mu_y)^2 f(x,y)\,dx\,dy$

- Das zweite zentrale Moment σ_{xy} heißt *Kovarianz* der Zufallsgrößen X,Y.

Korrelation und Regression

- Die Größe $\rho_{xy} = \dfrac{\sigma_{xy}}{\sigma_x\sigma_y}$ heißt *Korrelationskoeffizient* der Zufallsgrößen X,Y.

- Es gilt $-1 \le \rho_{xy} \le 1$.

- Zwei Zufallsgrößen X,Y heißen *unkorreliert*, wenn $\rho_{xy} = 0$ gilt.

- Unabhängige Zufallsgrößen sind unkorreliert.

- Die über die bedingten Erwartungswerte $E(Y/X=x)$ und $E(X/Y=y)$ definierten Kurven (im diskreten Fall Punktfolgen)

$$\hat{y}(x) = E(Y/X=x) \qquad \text{und} \qquad \hat{x}(y) = E(X/Y=y)$$

heißen die *Regressionslinien* oder *Regressionsfunktionen* von Y bezüglich X bzw. von X bezüglich Y. Dieses bezüglich X,Y symmetrische Regressionsmodell wird Modell II genannt. Im Modell I sind die x_i feste Werte und die zugehörigen Y_i Zufallsgrößen.

bedingte Erwartungswerte zweidimensionaler Zufallsgrößen

diskret		stetig	
$E(Y/X=x_i)$	$\sum\limits_{j} y_j P(Y=y_j/X=x_i)$	$E(Y/X=x)$	$\int\limits_{-\infty}^{\infty} y f(y/x)\,dy$
	mit $\quad P(Y=y_j/X=x_i) = \dfrac{p_{ij}}{\sum\limits_{j}p_{ij}}$		mit $\quad f(y/x) = \dfrac{f(x,y)}{\int\limits_{-\infty}^{\infty} f(x,y)\,dy}$
$E(X/Y=y_j)$	$\sum\limits_{i} x_i P(X=x_i/Y=y_j)$	$E(X/Y=y)$	$\int\limits_{-\infty}^{\infty} x f(x/y)\,dx$
	mit $\quad P(X=x_i/Y=y_j) = \dfrac{p_{ij}}{\sum\limits_{i}p_{ij}}$		mit $\quad f(x/y) = \dfrac{f(x,y)}{\int\limits_{-\infty}^{\infty} f(x,y)\,dx}$

Lineare Regression (Modell II)

♦ Die Zufallsgrößen X, Y heißen *linear korreliert*, wenn die Regressionslinien Geraden sind. Diese *Regressionsgeraden* haben folgende Gleichungen.

Regression von Y bezüglich X: $\hat{y} = \beta x + \gamma$ mit $\beta = \dfrac{\sigma_y}{\sigma_x}\rho_{xy}$, $\gamma = \mu_y - \beta\mu_x$

Regression von X bezüglich Y: $\hat{x} = \delta y + \varepsilon$ mit $\delta = \dfrac{\sigma_x}{\sigma_y}\rho_{xy}$, $\varepsilon = \mu_x - \delta\mu_y$

Die Koeffizienten β und δ heißen *Regressionskoeffizienten*.

♦ Sind X, Y nicht linear korreliert, werden diese Geraden ebenfalls Regressionsgeraden genannt. Sie sind dann lineare Approximationen der Regressionslinien.

♦ Unter der Annahme, daß für alle x die Streuung von Y bezüglich der Regressionsgeraden gleich ist, wird diese als *Reststreuung* bezeichnet:

$$\tilde{\sigma}^2 = E((Y - (\beta x + \gamma))^2 / X = x) \qquad \dots \ \textit{Reststreuung}$$

Punktschätzungen

Es liege eine Grundgesamtheit vor, deren Objekte ein interessierendes Merkmal als Zufallsgröße X aufweisen. Unter einer *Stichprobe* vom Umfang n versteht man eine zufällige Auswahl von n Objekten der Grundgesamtheit, verbunden mit der Ermittlung der Werte x_i, $i = 1, \dots, n$. Dabei soll die Auswahl der einzelnen Objekte voneinander *unabhängig* erfolgen. Aus den Werten x_i bzw. (x_i, y_i) der Stichprobe lassen sich Schätzungen für die Parameter der Grundgesamtheit berechnen.

zu schätzender Parameter	Schätzwert	Bemerkung
Erwartungswert $\mu = E(X)$	$\bar{x} = \dfrac{1}{n}\sum\limits_{i=1}^{n} x_i$	$\bar{x}$ ... Mittelwert der Stichprobe oder arithmetisches Mittel
Streuung $\sigma^2 = D^2(X)$	$s^{*2} = \dfrac{1}{n}\sum\limits_{i=1}^{n}(x_i - \mu)^2$	falls μ bekannt
	$s^2 = \dfrac{1}{n-1}\sum\limits_{i=1}^{n}(x_i - \bar{x})^2$	falls μ unbekannt
$p = P(A)$	$\tilde{p} = \dfrac{1}{n}h_n(A)$	$h_n(A)$ ist absolute Häufigkeit von Ereignis A in n Versuchen
Kovarianz σ_{xy} von X, Y	$s_{xy} = \dfrac{1}{n-1}\sum\limits_{i=1}^{n}(x_i - \bar{x})(y_i - \bar{y})$	$s(x,y)$ .. *empirische Kovarianz* oder *Stichprobenkovarianz*
Korrelationskoeffizient ρ_{xy}	$r_{xy} = \dfrac{s_{xy}}{s_x s_y}$	s_x ... Schätzung für $D(X)$ s_y ... Schätzung für $D(Y)$
Regressionskoeffizient β	$b = \dfrac{s_{xy}}{s_x^2}$	$y = bx + c$ ist die aus der Stichprobe (x_i, y_i), $i = 1, \dots, n$, geschätzte Regressionsgerade
Konstante γ in Regr.gerade	$c = \bar{y} - b\bar{x}$	
Reststreuung $\tilde{\sigma}^2$	$\tilde{s}^2 = \dfrac{1}{n-2}\sum\limits_{i=1}^{n}(y_i - (bx_i + c))^2$	

Konfidenzintervalle

Mit Hilfe von Punktschätzungen und Kenntnissen über die Verteilungsfunktion der Grundgesamtheit werden Intervalle berechnet, die mit der Wahrscheinlichkeit $1 - \alpha$, genannt *Konfidenzniveau*, den interessierenden Parameter enthalten. Die folgende Tabelle enthält Konfidenzintervalle für Erwartungswert μ und Streuung σ^2 einer *normalverteilten* Grundgesamtheit $N(\mu, \sigma^2)$ sowie für die Regressionsparameter zweidimensional-normalverteilter Zufallsgrößen (X,Y). Die Größen z_q, $t_{m,q}$ und $\chi^2_{m,q}$ sind die sogenannten *Quantile* der Normalverteilung, t-Verteilung und χ^2-Verteilung (▶ Statistische Tabellen).

Parameter	Situation	untere Intervallgrenze	obere Intervallgrenze
μ	σ^2 bekannt	$\bar{x} - \dfrac{\sigma}{\sqrt{n}} z_{1-\frac{\alpha}{2}}$	$\bar{x} + \dfrac{\sigma}{\sqrt{n}} z_{1-\frac{\alpha}{2}}$
μ	σ^2 unbekannt	$\bar{x} - \dfrac{s}{\sqrt{n}} t_{n-1,1-\frac{\alpha}{2}}$	$\bar{x} + \dfrac{s}{\sqrt{n}} t_{n-1,1-\frac{\alpha}{2}}$
σ^2	μ bekannt	$\dfrac{n}{\chi^2_{n,1-\frac{\alpha}{2}}} s^{*2}$	$\dfrac{n}{\chi^2_{n,\frac{\alpha}{2}}} s^{*2}$
σ^2	μ unbekannt	$\dfrac{n-1}{\chi^2_{n-1,1-\frac{\alpha}{2}}} s^2$	$\dfrac{n-1}{\chi^2_{n-1,\frac{\alpha}{2}}} s^2$
β		$b - \dfrac{\tilde{s}}{\sqrt{(n-1)s_x^2}} t_{n-2,1-\frac{\alpha}{2}}$	$b + \dfrac{\tilde{s}}{\sqrt{(n-1)s_x^2}} t_{n-2,1-\frac{\alpha}{2}}$
γ		$c - \tilde{s} \sqrt{\dfrac{1}{n} + \dfrac{\bar{x}^2}{(n-1)s_x^2}}\, t_{n-2,1-\frac{\alpha}{2}}$	$c + \tilde{s} \sqrt{\dfrac{1}{n} + \dfrac{\bar{x}^2}{(n-1)s_x^2}}\, t_{n-2,1-\frac{\alpha}{2}}$
$\tilde{\sigma}^2$		$\dfrac{(n-2)\tilde{s}^2}{\chi^2_{n-2,1-\frac{\alpha}{2}}}$	$\dfrac{(n-2)\tilde{s}^2}{\chi^2_{n-2,\frac{\alpha}{2}}}$

Signifikanztests

Unter der Annahme, daß eine zu prüfende *Hypothese* H_0 wahr ist, wird für eine von der Stichprobe vom Umfang n abhängende *Prüfgröße* T ein *kritischer Bereich* B so ermittelt, daß

$$P(T \in B \mid H_0 \text{ wahr }) \leq \alpha$$

gilt. Die im voraus gewählte kleine Zahl α heißt *Signifikanzniveau*. Liegt die aus der Stichprobe berechnete Realisierung t von T im kritischen Bereich B, so wird die Hypothese H_0 abgelehnt.

Hypothese	Voraussetzung	Prüfgröße t	Ablehnung, falls
$\mu = \mu_0$	$X \in N(\mu, \sigma^2)$ σ^2 bekannt	$\dfrac{\bar{x} - \mu_0}{\sigma}\sqrt{n}$	$\lvert t\rvert \geq z_{1-\frac{\alpha}{2}}$
$\mu = \mu_0$	$X \in N(\mu, \sigma^2)$ σ^2 unbekannt	$\dfrac{\bar{x} - \mu_0}{s}\sqrt{n}$	$\lvert t\rvert \geq t_{n-1, 1-\frac{\alpha}{2}}$
$\mu_x = \mu_y$	$X \in N(\mu_x, \sigma_x^2)$ $Y \in N(\mu_y, \sigma_y^2)$ σ_x^2, σ_y^2 bekannt	$\dfrac{\bar{x} - \bar{y}}{\sqrt{\dfrac{\sigma_x^2}{m} + \dfrac{\sigma_y^2}{n}}}$	$\lvert t\rvert \geq z_{1-\frac{\alpha}{2}}$
$\mu_x = \mu_y$	$X \in N(\mu_x, \sigma_x^2)$ $Y \in N(\mu_y, \sigma_y^2)$ $\sigma_x^2 = \sigma_y^2$ σ_x^2, σ_y^2 unbekannt	$\dfrac{(\bar{x} - \bar{y})\sqrt{mn(m+n-2)}}{\sqrt{(m+n)\big((m-1)s_x^2 + (n-1)s_y^2\big)}}$	$\lvert t\rvert \geq t_{m+n-2, 1-\frac{\alpha}{2}}$
$\sigma^2 = \sigma_0^2$	$X \in N(\mu, \sigma^2)$ μ bekannt	$\dfrac{ns^{*2}}{\sigma_0^2}$	$t \leq \chi^2_{n, \frac{\alpha}{2}}$ oder $t \geq \chi^2_{n, 1-\frac{\alpha}{2}}$
$\sigma^2 = \sigma_0^2$	$X \in N(\mu, \sigma^2)$ μ unbekannt	$\dfrac{(n-1)s^2}{\sigma_0^2}$	$t \leq \chi^2_{n-1, \frac{\alpha}{2}}$ oder $t \geq \chi^2_{n-1, 1-\frac{\alpha}{2}}$
$F_X = F_0$	k Klassen $[a_i, a_{i+1})$ m_i Häufigkeit in Klasse i $np_i \geq 5\ (i = 1, \dots k)$	$\displaystyle\sum_{i=1}^{k}\left(\dfrac{m_i^2}{np_i}\right) - n$ mit $p_i = F_0(a_{i+1}) - F_0(a_i)$	$t \geq \chi^2_{k-1, 1-\alpha}$
$P(A) = p_0$	n groß	$\dfrac{h_n(A) - np_0}{\sqrt{np_0(1-p_0)}}$	$\lvert t\rvert \geq z_{1-\frac{\alpha}{2}}$
$\beta = \beta_0$		$\dfrac{b - \beta_0}{\tilde{s}}\sqrt{(n-1)s_x^2}$	$\lvert t\rvert \geq t_{n-2, 1-\frac{\alpha}{2}}$
$\gamma = \gamma_0$		$\dfrac{c - \gamma_0}{\tilde{s}\sqrt{\dfrac{1}{n} + \dfrac{\bar{x}^2}{(n-1)s_x^2}}}$	$\lvert t\rvert \geq t_{n-2, 1-\frac{\alpha}{2}}$
X, Y unabhängig	<table><tr><td>$\overset{x}{\underset{y}{\diagdown}}$</td><td>1</td><td>2</td><td></td></tr><tr><td>1</td><td>m_{11}</td><td>m_{12}</td><td>$m_{1\bullet}$</td></tr><tr><td>2</td><td>m_{21}</td><td>m_{22}</td><td>$m_{2\bullet}$</td></tr><tr><td></td><td>$m_{\bullet 1}$</td><td>$m_{\bullet 2}$</td><td>n</td></tr></table> $m_{ik}\dots$ absolute Häufigkeiten der Klassen in der Stichprobe	$\dfrac{n(m_{11}m_{22} - m_{12}m_{21})^2}{m_{1\bullet}m_{2\bullet}m_{\bullet 1}m_{\bullet 2}}$	$t \geq \chi^2_{1, 1-\alpha}$

Statistische Tabellen

Verteilungsfunktion $\Phi(z) = \dfrac{1}{\sqrt{2\pi}} \displaystyle\int_{-\infty}^{z} e^{-\frac{x^2}{2}}\, dx$ der standardisierten **Normalverteilung** $N(0, 1)$

z	0	1	2	3	4	5	6	7	8	9
0.0	.500000	.503989	.507978	.511966	.515953	.519939	.523922	.527903	.531881	.535856
0.1	.539828	.543795	.547758	.551717	.555670	.559618	.563559	.567495	.571424	.575345
0.2	.579260	.583166	.587064	.590954	.594835	.598706	.602568	.606420	.610261	.614092
0.3	.617911	.621720	.625516	.629300	.633072	.636831	.640576	.644309	.648027	.651732
0.4	.655422	.659097	.662757	.666402	.670031	.673645	.677242	.680822	.684386	.687933
0.5	.691462	.694974	.698468	.701944	.705401	.708840	.712260	.715661	.719043	.722405
0.6	.725747	.729069	.732371	.735653	.738914	.742154	.745373	.748571	.751748	.754903
0.7	.758036	.761148	.764238	.767305	.770350	.773373	.776373	.779350	.782305	.785236
0.8	.788145	.791030	.793892	.796731	.799546	.802337	.805105	.807850	.810570	.813267
0.9	.815940	.818589	.821214	.823814	.826391	.828944	.831472	.833977	.836457	.838913
1.0	.841345	.843752	.846136	.848495	.850830	.853141	.855428	.857690	.859929	.862143
1.1	.864334	.866500	.868643	.870762	.872857	.874928	.876976	.879000	.881000	.882977
1.2	.884930	.886861	.888768	.890651	.892512	.894350	.896165	.897958	.899727	.901475
1.3	.903200	.904902	.906582	.908241	.909877	.911492	.913085	.914657	.916207	.917736
1.4	.919243	.920730	.922196	.923641	.925066	.926471	.927855	.929219	.930563	.931888
1.5	.933193	.934478	.935745	.936992	.938220	.939429	.940620	.941792	.942947	.944083
1.6	.945201	.946301	.947384	.948449	.949497	.950529	.951543	.952540	.953521	.954486
1.7	.955435	.956367	.957284	.958185	.959070	.959941	.960796	.961636	.962462	.963273
1.8	.964070	.964852	.965620	.966375	.967116	.967843	.968557	.969258	.969946	.970621
1.9	.971283	.971933	.972571	.973197	.973810	.974412	.975002	.975581	.976148	.976705
2.0	.977250	.977784	.978308	.978822	.979325	.979818	.980301	.980774	.981237	.981691
2.1	.982136	.982571	.982997	.983414	.983823	.984222	.984614	.984997	.985371	.985738
2.2	.986097	.986447	.986791	.987126	.987455	.987776	.988089	.988396	.988696	.988989
2.3	.989276	.989556	.989830	.990097	.990358	.990613	.990863	.991106	.991344	.991576
2.4	.991802	.992024	.992240	.992451	.992656	.992857	.993053	.993244	.993431	.993613
2.5	.993790	.993963	.994132	.994297	.994457	.994614	.994766	.994915	.995060	.995201
2.6	.995339	.995473	.995604	.995731	.995855	.995975	.996093	.996207	.996319	.996427
2.7	.996533	.996636	.996736	.996833	.996928	.997020	.997110	.997197	.997282	.997365
2.8	.997445	.997523	.997599	.997673	.997744	.997814	.997882	.997948	.998012	.998074
2.9	.998134	.998193	.998250	.998305	.998359	.998411	.998462	.998511	.998559	.998605
3.0	.998650									
3.1	.999032									
3.2	.999313									
3.3	.999517									
3.4	.999663									
3.5	.999767									
3.6	.999841									
3.7	.999892									
3.8	.999928									
3.9	.999952									

Quantile z_q der Normalverteilung $N(0,1)$

q	0.9	0.95	0.975	0.99	0.995	0.999	0.9995
z_q	1.282	1.645	1.960	2.326	2.576	3.090	3.291

Quantile $t_{m,q}$ der t-Verteilung

$$\int_{-\infty}^{t_{m,q}} f_{t,m}(x)\,dx = q$$

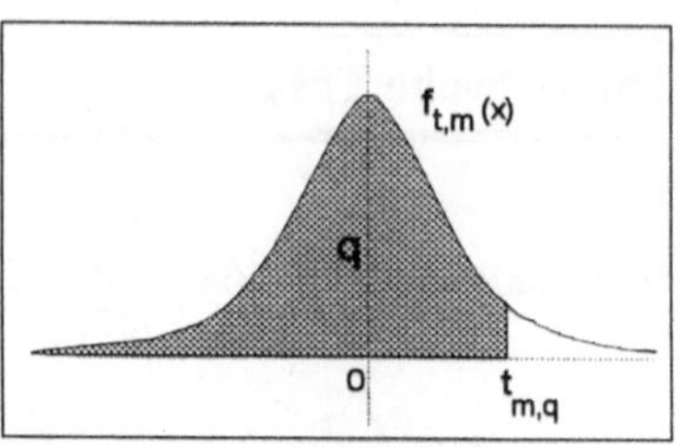

m \ q	0.9	0.95	0.975	0.99	0.995	0.999	0.9995
1	3.078	6.314	12.706	31.821	63.657	318.309	636.619
2	1.886	2.920	4.303	6.965	9.925	22.327	31.599
3	1.638	2.353	3.182	4.541	5.841	10.215	12.924
4	1.533	2.132	2.776	3.747	4.604	7.173	8.610
5	1.476	2.015	2.571	3.365	4.032	5.893	6.869
6	1.440	1.943	2.447	3.143	3.707	5.208	5.959
7	1.415	1.895	2.365	2.998	3.499	4.785	5.408
8	1.397	1.860	2.306	2.896	3.355	4.501	5.041
9	1.383	1.833	2.262	2.821	3.250	4.297	4.781
10	1.372	1.812	2.228	2.764	3.169	4.144	4.587
11	1.363	1.796	2.201	2.718	3.106	4.025	4.437
12	1.356	1.782	2.179	2.681	3.055	3.930	4.318
13	1.350	1.771	2.160	2.650	3.012	3.852	4.221
14	1.345	1.761	2.145	2.624	2.977	3.787	4.140
15	1.341	1.753	2.131	2.602	2.947	3.733	4.073
16	1.337	1.746	2.120	2.583	2.921	3.686	4.015
17	1.333	1.740	2.110	2.567	2.898	3.646	3.965
18	1.330	1.734	2.101	2.552	2.878	3.610	3.922
19	1.328	1.729	2.093	2.539	2.861	3.579	3.883
20	1.325	1.725	2.086	2.528	2.845	3.552	3.850
21	1.323	1.721	2.080	2.518	2.831	3.527	3.819
22	1.321	1.717	2.074	2.508	2.819	3.505	3.792
23	1.319	1.714	2.069	2.500	2.807	3.485	3.768
24	1.318	1.711	2.064	2.492	2.797	3.467	3.745
25	1.316	1.708	2.060	2.485	2.787	3.450	3.725
26	1.315	1.706	2.056	2.479	2.779	3.435	3.707
27	1.314	1.703	2.052	2.473	2.771	3.421	3.690
28	1.313	1.701	2.048	2.467	2.763	3.408	3.674
29	1.311	1.699	2.045	2.462	2.756	3.396	3.659
30	1.310	1.697	2.042	2.457	2.750	3.385	3.646
40	1.303	1.684	2.021	2.423	2.704	3.307	3.551
50	1.299	1.676	2.009	2.403	2.678	3.261	3.496
100	1.290	1.660	1.984	2.364	2.626	3.174	3.390
200	1.286	1.653	1.972	2.345	2.601	3.131	3.340
∞	1.282	1.645	1.960	2.326	2.576	3.090	3.291

Näherung für große m: $t_{m,q} = z_q$ (Quantil der Normalverteilung $N(0, 1)$)

Quantile $\chi^2_{m,q}$ der χ^2-Verteilung

$$\int_{-\infty}^{\chi^2_{m,q}} f_{\chi^2,m}(x)\,\mathrm{d}x = q$$

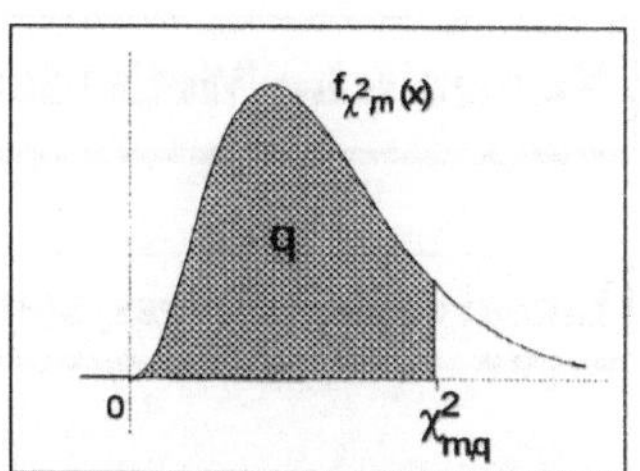

m \ q	0.01	0.025	0.05	0.1	0.9	0.95	0.975	0.99
1	0.00016	0.00098	0.0039	0.0158	2.71	3.84	5.02	6.63
2	0.0201	0.0506	0.103	0.211	4.61	5.99	7.38	9.21
3	0.115	0.216	0.352	0.584	6.25	7.81	9.35	11.35
4	0.297	0.484	0.711	1.06	7.78	9.49	11.14	13.28
5	0.554	0.831	1.15	1.61	9.24	11.07	12.83	15.08
6	0.872	1.24	1.64	2.20	10.64	12.59	14.45	16.81
7	1.24	1.69	2.17	2.83	12.02	14.07	16.01	18.47
8	1.65	2.18	2.73	3.49	13.36	15.51	17.53	20.09
9	2.09	2.70	3.33	4.17	14.68	16.92	19.02	21.67
10	2.56	3.25	3.94	4.87	15.99	18.31	20.48	23.21
11	3.05	3.82	4.57	5.58	17.28	19.68	21.92	24.72
12	3.57	4.40	5.23	6.30	18.55	21.03	23.34	26.22
13	4.11	5.01	5.89	7.04	19.81	22.36	24.74	27.69
14	4.66	5.63	6.57	7.79	21.06	23.68	26.12	29.14
15	5.23	6.26	7.26	8.55	22.31	25.00	27.49	30.58
16	5.81	6.91	7.96	9.31	23.54	26.30	28.85	32.00
17	6.41	7.56	8.67	10.09	24.77	27.59	30.19	33.41
18	7.01	8.23	9.39	10.86	25.99	28.87	31.53	34.81
19	7.63	8.91	10.12	11.65	27.20	30.14	32.85	36.19
20	8.26	9.59	10.85	12.44	28.41	31.41	34.17	37.57
21	8.90	10.28	11.59	13.24	29.62	32.67	35.48	38.93
22	9.54	10.98	12.34	14.04	30.81	33.92	36.78	40.29
23	10.20	11.69	13.09	14.85	32.01	35.17	38.08	41.64
24	10.86	12.40	13.85	15.66	33.20	36.42	39.36	42.98
25	11.52	13.12	14.61	16.47	34.38	37.65	40.65	44.31
26	12.20	13.84	15.38	17.29	35.56	38.89	41.92	45.64
27	12.88	14.57	16.15	18.11	36.74	40.11	43.19	46.96
28	13.56	15.31	16.93	18.94	37.92	41.34	44.46	48.28
29	14.26	16.05	17.71	19.77	39.09	42.56	45.72	49.59
30	14.95	16.79	18.49	20.60	40.26	43.77	46.98	50.89
40	22.16	24.43	26.51	29.05	51.81	55.76	59.34	63.69
50	29.71	32.36	34.76	37.69	63.17	67.51	71.42	76.15
60	37.48	40.48	43.19	46.46	74.40	79.08	83.30	88.38
70	45.44	48.76	51.74	55.33	85.53	90.53	95.02	100.42
80	53.54	57.15	60.39	64.28	96.58	101.88	106.63	112.33
90	61.75	65.65	69.13	73.29	107.57	113.15	118.14	124.12
100	70.06	74.22	77.93	82.36	118.50	124.34	129.56	135.81
200	156.43	162.73	168.28	174.84	226.02	233.99	241.06	249.45

Näherung für große m: $\qquad \chi^2_{m,q} = \frac{1}{2}\left(z_q + \sqrt{2m-1}\,\right)^2$

Numerische Methoden

Lineare Gleichungssysteme

Eliminationsverfahren von Gauß

Gegeben: reguläre (n,n)-Matrix $\mathbf{A}$ und Vektor $\mathbf{b} \in \mathbb{R}^n$.

Gesucht: Vektor $\mathbf{x} \in \mathbb{R}^n$ mit $\mathbf{Ax} = \mathbf{b}$.

Elimination: Berechne die (n,n)-Matrizen $\mathbf{A} = \mathbf{A}^{(1)}, \ldots, \mathbf{A}^{(k)}, \ldots, \mathbf{A}^{(n)}$ und Vektoren $\mathbf{b} = \mathbf{b}^{(1)}, \ldots, \mathbf{b}^{(k)}, \ldots, \mathbf{b}^{(n)}$ durch Überspeicherung gemäß

Schritt 1:   falls nötig, Zeilenvertauschung $i \leftrightarrow k$ $(i > k)$, so daß $a_{kk}^{(k)} \neq 0$

Schritt 2:
$$l_{ik} := \frac{a_{ik}^{(k)}}{a_{kk}^{(k)}}, \quad (i = k+1, \ldots, n)$$

$$a_{ij}^{(k+1)} := a_{ij}^{(k)} - l_{ik}a_{kj}^{(k)}, \quad b_i^{(k+1)} := b_i^{(k)} - l_{ik}b_k^{(k)} \quad (i,j = k+1, \ldots, n)$$

Rückrechnung:
$$x_k := \left(b_k^{(n)} - \sum_{j=k+1}^{n} a_{kj}^{(n)}x_j \right) / a_{kk}^{(n)} \quad (k = n, \ldots, 1)$$

LR-Zerlegung

Gegeben: reguläre (n,n)-Matrix $\mathbf{A}$.

Gesucht: linke untere (n,n)-Dreiecksmatrix $\mathbf{L}$ mit $l_{ii} = 1$ $(i = 1, \ldots, n)$ und rechte obere Dreiecksmatrix $\mathbf{R}$, so daß $\mathbf{A} = \mathbf{L} \cdot \mathbf{R}$ gilt.

Berechnung der Matrix $\mathbf{L}$: Die unterhalb der Hauptdiagonalen von $\mathbf{L}$ stehenden Elemente sind die Zahlen l_{ik} aus dem Eliminationsverfahren von Gauß.

Berechnung der Matrix $\mathbf{R}$: Die in und oberhalb der Hauptdiagonalen von $\mathbf{R}$ stehenden Elemente sind die entsprechenden Elemente der Matrix $\mathbf{A}^{(n)}$ aus dem Eliminationsverfahren von Gauß.

Cholesky-Verfahren

Gegeben: symmetrische, positiv definite (n,n)-Matrix $\mathbf{A}$ und Vektor $\mathbf{b} \in \mathbb{R}^n$.

Gesucht: Vektor $\mathbf{x} \in \mathbb{R}^n$ mit $\mathbf{Ax} = \mathbf{b}$.

Elimination: Berechne die obere (n,n)-Dreiecksmatrix $\mathbf{C}$ und den Vektor $\mathbf{d} \in \mathbb{R}^n$ gemäß

$$c_{kk} := \sqrt{a_{kk} - \sum_{i=1}^{k-1} c_{ik}^2}, \quad c_{kj} := \left(a_{kj} - \sum_{i=1}^{k-1} c_{ik}c_{ij} \right) / c_{kk}, \quad d_k := \left(b_k - \sum_{i=1}^{k-1} c_{ik}d_i \right) / c_{kk}$$

$$(k = 1, \ldots, n; \quad j = k+1, \ldots, n).$$

Rückrechnung:
$$x_k := \left(d_k - \sum_{j=k+1}^{n} c_{kj}x_j \right) / c_{kk} \quad (k = n, \ldots, 1)$$

Matrizen-Eigenwerte

Jacobi-Verfahren

Gegeben: Reelle symmetrische (n,n)-Matrix $\mathbf{A}$.
Gesucht: Alle Eigenwerte λ_i von $\mathbf{A}$.

Verfahren: Bildung einer Folge zu $\mathbf{A}$ ähnlicher Matrizen $\mathbf{A} = \mathbf{A}^{(1)},\ldots,\mathbf{A}^{(k)},\cdots$, die gegen $\mathrm{diag}(\lambda_i)$ konvergiert, nach folgender Vorschrift für den Übergang von $\mathbf{A}^{(k)}$ zu $\mathbf{A}^{(k+1)}$:

1. Bestimme das betragsgrößte Nichtdiagonalelement $a_{rs}^{(k)}$ der Matrix $\mathbf{A}^{(k)}$.

2.
$$\varphi_k = \begin{cases} \dfrac{1}{2}\arctan\dfrac{2a_{rs}^{(k)}}{a_{ss}^{(k)}-a_{rr}^{(k)}} & \text{für } a_{rr}^{(k)} \neq a_{ss}^{(k)} \\[2ex] \dfrac{\pi}{4}\operatorname{sign} a_{rs}^{(k)} & \text{für } a_{rr}^{(k)} = a_{ss}^{(k)} \end{cases}$$

$$a_{ir}^{(k+1)} = a_{ri}^{(k+1)} = a_{ir}^{(k)}\cos\varphi_k - a_{is}^{(k)}\sin\varphi_k \quad (i=1,\ldots,n;\ \ i \neq r)$$

$$a_{is}^{(k+1)} = a_{si}^{(k+1)} = a_{ir}^{(k)}\sin\varphi_k + a_{is}^{(k)}\cos\varphi_k \quad (i=1,\ldots,n;\ \ i \neq s)$$

$$a_{rr}^{(k+1)} = a_{rr}^{(k)}\cos^2\varphi_k - a_{rs}^{(k)}\sin 2\varphi_k + a_{ss}^{(k)}\sin^2\varphi_k$$

$$a_{ss}^{(k+1)} = a_{rr}^{(k)}\sin^2\varphi_k + a_{rs}^{(k)}\sin 2\varphi_k + a_{ss}^{(k)}\cos^2\varphi_k$$

$$a_{rs}^{(k+1)} = a_{sr}^{(k+1)} = 0$$

Vektoriteration (Potenzmethode)

Gegeben: Diagonalähnliche (n,n)-Matrix $\mathbf{A}$.
Gesucht: Betragsgrößter Eigenwert λ_1 von $\mathbf{A}$.
Voraussetzung: Betragsgrößter Eigenwert λ_1 ist reell und einfach.

Verfahren: Wähle Startvektor $\mathbf{x}_0 \in \mathbb{R}^n$. Berechne die Vektorfolge $\mathbf{x}^{(0)}, \mathbf{x}^{(1)},\ldots,\mathbf{x}^{(k)},\ldots$ nach folgender Vorschrift für den Übergang von $\mathbf{x}^{(k)}$ zu $\mathbf{x}^{(k+1)}$:

$$\mathbf{y}^{(k+1)} = \mathbf{A}\mathbf{x}^{(k)},$$

$$\mathbf{x}^{(k+1)} = \frac{\mathbf{y}^{(k+1)}}{\left\|\mathbf{y}^{(k+1)}\right\|}.$$

- Falls der Startvektor $\mathbf{x}_0$ eine nicht verschwindende Komponente bezüglich des zum Eigenwert λ_1 gehörigen Eigenvektors $\mathbf{r}_1$ besitzt, so gilt

$$\left\|\mathbf{y}^{(k)}\right\| \to \lambda_1 \quad \text{für } k \to \infty \quad \text{und} \quad \mathbf{x}^{(k)} \to \mathbf{r}_1 \quad \text{für } k \to \infty.$$

- Schnellere (quadratische) Konvergenz gegen λ_1 liefert der *Rayleigh-Quotient*:

$$\frac{(\mathbf{x}^{(k)})^{\mathrm{T}}\mathbf{y}^{(k+1)}}{(\mathbf{x}^{(k)})^{\mathrm{T}}\mathbf{x}^{(k)}} \to \lambda_1 \quad \text{für } k \to \infty.$$

Nichtlineare Gleichungen

Gleichungen einer Unbekannten der Form $f(x) = 0,\ x \in \mathbb{R}$.

Bisektionsverfahren: Startwerte x_0, y_0 mit $f(x_0) \cdot f(y_0) < 0$

$$x_{k+1} = \frac{1}{2}(x_k + y_k) \qquad y_{k+1} = \begin{cases} x_k & \text{für } f(x_k) \cdot f(x_{k+1}) < 0 \\ y_k & \text{für } f(y_k) \cdot f(x_{k+1}) < 0 \end{cases} \qquad (k = 0, 1, \ldots)$$

- Das Verfahren konvergiert gegen eine Nullstelle x^* von f, falls f in $[x_0, y_0]$ stetig ist.

Newtonverfahren: Startwert x_0.

$$x_{k+1} = x_k - \frac{f(x_k)}{f'(x_k)} \qquad (k = 0, 1, \ldots)$$

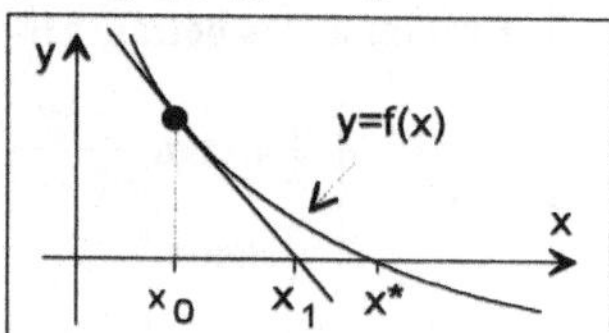

Regula falsi: Startwerte x_0, x_1.

$$x_{k+1} = \frac{1}{2}(x_k + x_{k-1}) - \frac{f(x_k) + f(x_{k-1})}{f(x_k) - f(x_{k-1})}(x_k - x_{k-1})$$
$$(k = 1, 2, \ldots)$$

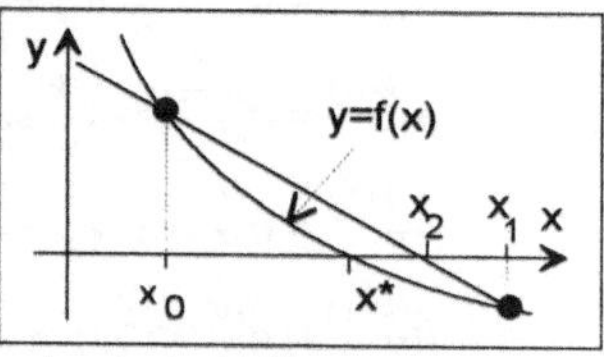

- Newtonverfahren und Regula falsi konvergieren für hinreichend gute Startwerte gegen eine Nullstelle x^* von f, falls f in einer Umgebung von x^* zweimal differenzierbar ist und $f(x^*) \neq 0$ gilt.

Gleichungen einer Unbekannten der Form $x = g(x),\ x \in \mathbb{R}$

Gewöhnliches Iterationsverfahren (Verfahren der sukzessiven Approximation): Startwert x_0.

$$x_{k+1} = g(x_k) \qquad (k = 0, 1, \ldots)$$

- Die Funktion g sei auf dem Intervall $[a, b]$ stetig differenzierbar, und für alle $x \in [a, b]$ seien die beiden Bedingungen $a \leq g(x) \leq b$ und $|g'(x)| < 1$ erfüllt. Dann konvergiert das gewöhnliche Iterationsverfahren gegen eine Lösung $x^* \in [a, b]$ der Gleichung $x = g(x)$.

Gleichungssysteme der Form $\mathbf{f}(\mathbf{x}) = 0$ **mit** $\mathbf{f} \mid \mathbb{R}^n \to \mathbb{R}^n$

Gleichungssystem in Komponentenschreibweise:

$$\begin{aligned} f_1(x_1, \ldots, x_n) &= 0 \\ &\vdots \\ f_n(x_1, \ldots, x_n) &= 0 \end{aligned}$$

Newtonverfahren: Startwert $\mathbf{x}^{(0)} \in \mathbb{R}^n$.

$$\mathbf{x}^{(k+1)} = \mathbf{x}^{(k)} + \mathbf{u}^{(k)} \quad \text{mit} \quad \underbrace{\mathbf{F}'(\mathbf{x}^{(k)})\mathbf{u}^{(k)} = -\mathbf{f}(\mathbf{x}^{(k)})}_{\text{lineares Gleichungssystem für } \mathbf{u}^{(k)}} \qquad (k = 0, 1, \ldots)$$

in Komponenten:

$$x_i^{(k+1)} = x_i^{(k)} + u_i^{(k)} \quad \text{mit} \quad \sum_{j=1}^{n} \partial_j f_i(x_1^{(k)}, \ldots, x_n^{(k)})u_j^{(k)} = -f_i(x_1^{(k)}, \ldots, x_n^{(k)}) \quad (i = 1, \ldots, n)$$

Approximationsprobleme

Interpolation durch Polynome

Gegeben: Datenpaare $(x_0, y_0), \ldots, (x_n, y_n)$
Gesucht: Polynom $p_n(x)$ mit $p_n(x_i) = y_i$ $(i = 0, \ldots, n)$

Lagrange-Interpolation

$$p_n(x) = y_0 l_0(x) + \cdots + y_n l_n(x) \quad \text{mit} \quad l_i(x) = \frac{(x - x_0) \cdots (x - x_{i-1})(x - x_{i+1}) \cdots (x - x_n)}{(x_i - x_0) \cdots (x_i - x_{i-1})(x_i - x_{i+1}) \cdots (x_i - x_n)}$$

Newton-Interpolation

$$p_n(x) = [x_0] + [x_0, x_1](x - x_0) + \cdots + [x_0, \ldots, x_n](x - x_0) \cdots (x - x_{n-1})$$

mit den rekusiv definierten *Steigungen*

$$[x_i] := y_i \quad (i = 0, \ldots, n), \quad [x_i, x_{i+1}, \ldots, x_{i+r}] := \frac{[x_{i+1}, \ldots, x_{i+r}] - [x_i, \ldots, x_{i+r-1}]}{x_{i+r} - x_i}$$

Kubische Spline-Interpolation

Gegeben: Datenpaare $(x_0, y_0), \ldots, (x_n, y_n)$
Gesucht: Polynome $p_i(x) = \alpha_i + \beta_i(x - x_i) + \gamma_i(x - x_i)^2 + \delta_i(x - x_i)^3 \mid [x_i, x_{i+1}] \to \mathbb{R}$
$(i = 0, \ldots, n - 1)$, so daß die aus diesen stückweise zusammengesetzte Funktion
$s \mid [x_0, x_n] \to \mathbb{R}$ alle Daten interpoliert, zweimal stetig differenzierbar ist und
$s''(x_0) = s''(x_n) = 0$ erfüllt.

Verfahren: 1. Lösung des linearen Gleichungssystems

$$h_{i-1} m_{i-1} + 2(h_{i-1} + h_i) m_i + h_i m_{i+1} = c_i \quad (i = 1, \ldots, n - 1)$$

mit

$$m_0 = m_n = 0 \, , \ h_i = x_{i+1} - x_i \ \text{und} \ c_i = \frac{6}{h_i}(y_{i+1} - y_i) - \frac{6}{h_{i-1}}(y_i - y_{i-1}) \, .$$

2. $\quad \alpha_i := y_i, \quad \beta_i := \frac{y_{i+1} - y_i}{h_i} - \frac{2m_i + m_{i+1}}{6} h_i, \quad \gamma_i := \frac{m_i}{2}, \quad \delta_i := \frac{m_{i+1} - m_i}{6h_i}$

Diskrete Quadratmittelapproximation

Gegeben: Datenpaare $(x_i, y_i), (i = 1, \ldots, m)$ und Funktionen $\varphi_i \mid \mathbb{R} \to \mathbb{R}$ $(i = 1, \ldots, n < m)$
Gesucht: Koeffizienten $c_1, \ldots, c_n$ der Funktion $g(x) = c_1 \varphi_1(x) + \cdots + c_n \varphi_n(x)$ mit der
Eigenschaft

$$\sum_{i=1}^{m} (g(x_i) - y_i)^2 \to \min_{\mathbf{c}}$$

Verfahren (*Normalgleichungsverfahren*): Lösung des linearen Gleichungssystems

$$\mathbf{A}^\mathrm{T} \mathbf{A} \mathbf{c} = \mathbf{A}^\mathrm{T} \mathbf{y}$$

mit der symmetrischen (m,n)-Matrix $\mathbf{A} = (a_{ij}) = (\varphi_j(x_i))$ und $\mathbf{c} = (c_j) \in \mathbb{R}^n$, $\mathbf{y} = (y_i) \in \mathbb{R}^n$.

♦ $\mathbf{c}$ ist die Quadratmittellösung des überbestimmten linearen Gleichungssystems $\mathbf{A}\mathbf{c} = \mathbf{y}$.

Numerische Differentiation

Bezeichnungen: $y_i = y(x_i)$, $h_i = x_{i+1} - x_i$, $[x_i, x_{i+1}]$ ... *Steigungen*, R ... *Restglied*

vorwärtiger Differenzenquotient: $y'(x_i) \approx [x_i, x_{i+1}] = \dfrac{y_{i+1} - y_i}{h_i}$ $R = O(h)$

rückwärtiger Differenzenquotient: $y'(x_i) \approx [x_{i-1}, x_i] = \dfrac{y_i - y_{i-1}}{h_{i-1}}$ $R = O(h)$

höhere Ableitungen: $y^{(n)}(x_i) \approx n! \, [x_{i-k}, ..., x_{i-k+n}]$ $R = O(h)$

Formeln für gleichabständige Stützstellen

zentrale Differenzenquotienten: $y'(x_i) \approx \dfrac{y_{i+1} - y_{i-1}}{2h}$ $R = O(h^2)$

$y''(x_i) \approx \dfrac{y_{i+1} - 2y_i + y_{i-1}}{h^2}$ $R = O(h^2)$

unsymmetrische Formel: $y'(x_i) \approx \dfrac{-y_{i+2} + 4y_{i+1} - 3y_i}{2h}$ $R = O(h^2)$

Numerische Integration

Bezeichnungen: $h = \dfrac{b-a}{n}$, $x_j = a + jh$, $y_j = y(x_j)$, $j = 0, ..., n$, R ... *Restglied*

Quadraturformeln vom Interpolations-Typ

Trapezregel: $\displaystyle\int_a^b y(x)\,dx \approx \dfrac{b-a}{2}(y(a) + y(b))$, $R = -\dfrac{(b-a)^3}{12} y''(\xi)$, $\xi \in (a, b)$

Simpson-Regel: $\displaystyle\int_a^b y(x)\,dx \approx \dfrac{b-a}{6}\left\{ y(a) + 4y(\tfrac{a+b}{2}) + y(b) \right\}$, $R = -\dfrac{(b-a)^5}{180} y^{(4)}(\eta)$, $\eta \in (a, b)$

Zusammengesetzte Quadraturformeln

Trapezregel: $\displaystyle\int_a^b y(x)\,dx \approx \dfrac{h}{2}(y_0 + 2y_1 + \cdots + 2y_{n-1} + y_n)$ $R = O(h^2)$

Simpson-Regel: $\displaystyle\int_a^b y(x)\,dx \approx \dfrac{h}{3}(y_0 + 4y_1 + 2y_2 + 4y_3 + \cdots + 4y_{n-1} + y_n)$ $R = O(h^4)$

Quadraturformeln vom Gauß-Typ

Gauß I: $\displaystyle\int_a^b y(x)\,dx \approx \dfrac{b-a}{2}\left\{ y(\tfrac{a+b}{2} - \tfrac{b-a}{2\sqrt{3}}) + y(\tfrac{a+b}{2} + \tfrac{b-a}{2\sqrt{3}}) \right\}$

Gauß II: $\displaystyle\int_a^b y(x)\,dx \approx \dfrac{1}{9}\left\{ 5y(\tfrac{a+b}{2} - \sqrt{\tfrac{3}{5}}\,\tfrac{b-a}{2}) + 8y(\tfrac{a+b}{2}) + 5y(\tfrac{a+b}{2} + \sqrt{\tfrac{3}{5}}\,\tfrac{b-a}{2}) \right\}$

Numerik für Anfangswertaufgaben

Gegeben: Gewöhnliche Differentialgleichung $y'(x) = f(x, y(x))$ und Anfangswert $y(a) = y_a$.

Taylorreihen-Verfahren

Gesucht: Näherungsfunktion $y \,|\, [a, b] \to \mathbb{R}$ für die Lösungsfunktion y der Differentialgleichung, die den Anfangswert annimmt.

Verfahren: $\quad y(x) = y_a + \dfrac{y'(a)}{1!}(x-a) + \dfrac{y''(a)}{2!}(x-a)^2 + \cdots + \dfrac{y^{(p)}(a)}{p!}(x-a)^p$

mit
$$y'(a) = f(a, y_a)$$
$$y''(a) = \partial_x f(a, y_a) + \partial_y f(a, y_a) y'(a)$$
$$y'''(a) = \partial_{xx} f(a, y_a) + 2\partial_{xy} f(a, y_a) y'(a) + \partial_{yy} f(a, y_a)(y'(a))^2 + \partial_y f(a, y_a) y''(a)$$
usw.

Einschrittverfahren

Gesucht: Näherungswerte y_n für die Funktionswerte der Lösungsfunktion an den Stellen x_n:
$$y_0 = y_a, \; y_n \approx y(x_n), \quad \text{mit } x_n = a + nh \text{ für } n = 0, \ldots, N \text{ und mit } h = \frac{b-a}{N}.$$

Explizite Einschrittverfahren (F ... Fehler)

Euler (Polygonzugverfahren): $\qquad y_{n+1} = y_n + hf(x_n, y_n) \qquad F = O(h)$

Halbschritt: $\quad k_1 = f(x_n, y_n) \qquad\qquad k_2 = f(x_n + \tfrac{h}{2}, y_n + \tfrac{h}{2}k_1)$

$\qquad\qquad\quad y_{n+1} = y_n + hk_2 \qquad\qquad\qquad\qquad\qquad\qquad F = O(h^2)$

Heun: $\quad k_1 = f(x_n, y_n) \qquad\qquad k_2 = f(x_n + \tfrac{h}{3}, y_n + \tfrac{h}{3}k_1)$

$\qquad\; k_3 = f(x_n + \tfrac{2h}{3}, y_n + \tfrac{2h}{3}k_2) \quad y_{n+1} = y_n + \tfrac{h}{4}(k_1 + 3k_3) \qquad F = O(h^3)$

Runge-Kutta: $\; k_1 = f(x_n, y_n) \qquad\qquad k_2 = f(x_n + \tfrac{h}{2}, y_n + \tfrac{h}{2}k_1)$

$\qquad\qquad\quad k_3 = f(x_n + \tfrac{h}{2}, y_n + \tfrac{h}{2}k_2) \qquad k_4 = f(x_n + h, y_n + hk_3)$

$\qquad\qquad\quad y_{n+1} = y_n + \tfrac{h}{6}(k_1 + 2k_2 + 2k_3 + k_4) \qquad\qquad F = O(h^4)$

Taylor: $\quad y_{n+1} = y_n + \dfrac{y_n'}{1!}h + \cdots + \dfrac{y_n^{(p)}}{p!}h^p \quad \text{mit } y_n^{(k)} \approx y^{(k)}(x_n) \qquad F = O(h^p)$

Implizite Einschrittverfahren

Euler rückw.: $\; k_1 = f(x_n + h, y_n + hk_1) \qquad y_{n+1} = y_n + hk_1 \qquad F = O(h)$

Trapezregel: $\; k_1 = f(x_n, y_n) \qquad\qquad k_2 = f(x_n + h, y_n + \tfrac{h}{2}(k_1 + k_2))$

$\qquad\qquad\quad y_{n+1} = y_n + \tfrac{h}{2}(k_1 + k_2) \qquad\qquad\qquad\qquad F = O(h^2)$

Gauß-Legendre

$$k_1 = f(x_n + \frac{3 - \sqrt{3}}{6}h, y_n + \frac{h}{4}k_1 + \frac{3 - 2\sqrt{3}}{12}hk_2)$$

$$k_2 = f(x_n + \frac{3 + \sqrt{3}}{6}h, y_n + \frac{3 + 2\sqrt{3}}{12}hk_1 + \frac{h}{4}k_2)$$

$$y_{n+1} = y_n + \frac{h}{2}(k_1 + k_2) \qquad\qquad F = O(h^4)$$

Mehrschrittverfahren

Gesucht: Näherungswerte $y_n \approx y(x_n)$ für die Lösung der Differentialgleichung $y' = f(x,y)$ an den Stellen $x_n = a + nh$, $n = 0, \ldots, N$, mit $h = \frac{b-a}{N}$ und mit $y_0 = y_a$.
Bezeichnung: $f_n = f(x_n, y_n)$, $F \ldots$ Fehler

Explizite Verfahren vom Adams-Bashforth-Typ

$$y_{n+1} = y_n + \frac{h}{2}(3f_n - f_{n-1}) \qquad\qquad F = O(h^2)$$

$$y_{n+1} = y_n + \frac{h}{12}(23f_n - 16f_{n-1} + 5f_{n-2}) \qquad\qquad F = O(h^3)$$

$$y_{n+1} = y_n + \frac{h}{24}(55f_n - 59f_{n-1} + 37f_{n-2} - 9f_{n-3}) \qquad\qquad F = O(h^4)$$

Prädiktor-Korrektor-Verfahren von Adams-Bashforth-Moulton

$$y_{n+1}^{(P)} = y_n + \frac{h}{24}(55f_n - 59f_{n-1} + 37f_{n-2} - 9f_{n-3})$$

$$y_{n+1} = y_n + \frac{h}{24}\left[9f(x_{n+1}, y_{n+1}^{(P)}) + 19f_n - 5f_{n-1} + f_{n-2}\right] \qquad F = O(h^4)$$

Nyström-Verfahren (explizites 2-Schritt-Verfahren)

$$y_{n+1} = y_{n-1} + \frac{h}{3}(7f_n - 2f_{n-1} + f_{n-2}) \qquad\qquad F = O(h^3)$$

Adams-Moulton-Verfahren (implizite Verfahren)

$$y_{n+1} = y_n + \frac{h}{12}(5f(x_{n+1}, y_{n+1}) + 8f_n - f_{n-1}) \qquad\qquad F = O(h^3)$$

$$y_{n+1} = y_n + \frac{h}{24}[9f(x_{n+1}, y_{n+1}) + 19f_n - 5f_{n-1} + f_{n-2}] \qquad\qquad F = O(h^4)$$

Milne-Simpson-Verfahren (implizites 2-Schritt-Verfahren)

$$y_{n+1} = y_{n-1} + \frac{h}{3}[f(x_{n+1}, y_{n+1}) + 4f_n + f_{n-1}] \qquad\qquad F = O(h^4)$$

Rückwärtsdifferentiationsmethoden (BDF-Methoden, implizite Verfahren)

$$y_{n+1} = \frac{1}{3}(4y_n - y_{n-1}) + \frac{2}{3}hf(x_{n+1}, y_{n+1}) \qquad\qquad F = O(h^2)$$

$$y_{n+1} = \frac{1}{11}(18y_n - 9y_{n-1} + 2y_{n-2}) + \frac{6}{11}hf(x_{n+1}, y_{n+1}) \qquad\qquad F = O(h^3)$$

$$y_{n+1} = \frac{1}{25}(48y_n - 36y_{n-1} + 16y_{n-2} - 3y_{n-3}) + \frac{12}{25}hf(x_{n+1}, y_{n+1}) \qquad F = O(h^4)$$